LA SOCIÉTÉ DU PROBABLE

Conférence du Centre Cournot pour la recherche en économie

LA SOCIÉTÉ DU PROBABLE

Les mathématiques sociales après Augustin Cournot

Ouvrage réalisé sous la direction
de Jean-Philippe Touffut

Robert Aumann
Alain Desrosières
Jean Magnan de Bornier
Thierry Martin
Glenn Shafer
Robert Solow
Bernard Walliser

Albin Michel

Sommaire

Introduction

THIERRY MARTIN ET JEAN-PHILIPPE TOUFFUT[1]

> « Si notre profession devait choisir une date symbolique pour la naissance de l'économie mathématique, elle ferait preuve d'une unanimité exceptionnelle en choisissant 1838, année de la parution des *Recherches sur les principes mathématiques de la théorie des richesses* d'Augustin Cournot. »
>
> Gérard Debreu,
> *Economic theory in the mathematical mode*

Le décalage temporel est grand entre la publication des œuvres de Cournot et leur utilisation dans des disciplines qui, comme l'économie, ont aujourd'hui assuré sa postérité. Le cas de Cournot, comme inventeur d'une contribution singulière des mathématiques aux autres sciences, est en effet particulier et peut-être unique. Manifestement très en avance sur son temps,

---

1. La Therrese Goodlett, l'Anna Kaiser et le Timothy Slind ont grandement contribué à l'élaboration de cet ouvrage, de l'organisation de la conférence de décembre 2005 dont les actes sont issus, à l'écriture de son point final : qu'ils soient ici remerciés ! Un grand merci au François Athané et à l'Alain Desrosières, qui nous ont aidés à porter la dernière touche au manuscrit. Les deux auteurs et des membres de l'équipe du Centre Cournot, eux-mêmes franc-comtois d'origine ou d'adoption, ont une pensée particulière pour tous les théoriciens de Franche-Comté, au premier rang desquels Augustin trouve sa place. L'usage du pronom défini dans ce paragraphe, destiné à nommer les individus dans le parler franc-comtois, langue maternelle de Cournot, leur rend ici hommage.

le mathématicien franc-comtois ne trouve guère d'interlocuteurs. Les ingénieurs-économistes, pour lesquels il écrit, n'ont pas besoin de son approche, très abstraite et généralisante ; les autres théoriciens l'ignorent. Il faut attendre Walras, Jevons, Marshall ou Pareto (seul le premier a effectivement été en contact avec lui) pour que Cournot ait des lecteurs attentifs et des continuateurs zélés ; ils ne sont pas pour autant des interlocuteurs. C'est sans doute Irving Fisher qui en 1898, dans ses commentaires de la traduction en langue anglaise de la *Théorie des richesses*, « lance » Cournot chez les économistes, soit cinquante ans exactement après la parution de cet ouvrage. Dans la deuxième moitié du XXe siècle, le triomphe de la théorie des jeux consacre la théorie cournotienne des marchés, marquée cependant des ambiguïtés que crée une telle distance temporelle. C'est en 2008, enfin, que le nom de Cournot apparaît pour la première fois en France dans la liste des auteurs au programme de biologie de classes de terminale…

La fécondité des travaux d'Augustin Cournot est telle qu'il est vain de faire la part des choses entre ce dont il reconnaîtrait la filiation et ce dont il se détournerait. La question n'a d'ailleurs guère d'intérêt en soi, si ce n'est dans la mesure où Cournot conserve une remarquable distance par rapport à ce qu'il écrit. Elle reste pertinente dès lors que ces travaux contribuent à fonder des discours normatifs, ce dont Cournot se garde bien tout au long de sa vie. Les actes de la conférence présentés dans cet ouvrage n'ont pas cependant pour objet de rendre légitime un axe particulier de recherches né de ses travaux ou de lui faire un procès en paternité pour les développements qu'ont connus ses intuitions. Il s'agit, en premier lieu, de rendre hommage à l'originalité et à la modernité de Cournot dans ce que nous appelons par défaut les mathématiques sociales, et plus particulièrement en économie.

La spécificité de l'œuvre d'Augustin Cournot ne tient pas à son utilisation des mathématiques pour décrire les propriétés des phénomènes sociaux. Cournot ne contribue à « la théorie des richesses » qu'irrégulièrement au cours de sa vie, et la nature même des objets des sciences morales, pour reprendre l'expression de l'époque, invite à leur quantification. Il est cependant le premier à élaborer un modèle mathématique permettant de les soumettre à un traitement analytique. Il se propose, en effet, dans les *Recherches sur les principes mathématiques de la théorie des richesses* de 1838, d'établir que « la solution des questions générales auxquelles donne lieu la théorie des richesses, dépend essentiellement, non pas de l'algèbre élémentaire, mais de cette branche de l'analyse qui a pour objet des fonctions arbitraires ». Cournot entreprend cette démarche « sous le point de vue purement abstrait, indépendamment du but d'application que l'on se propose ». Cournot n'est certes pas le Galilée de l'économie, mais il faut reconnaître que, tout comme le fondateur de la physique classique rompt avec ses prédécesseurs, non pas en appliquant les instruments mathématiques à la réalité physique, mais en affirmant comme un principe méthodologique incontournable la mathématisation de ses phénomènes, Cournot inaugure par sa démarche l'entreprise de modélisation mathématique du social.

Conjointement, il indique l'orientation fondamentale de sa relation aux mathématiques. Il se préoccupe moins de produire des résultats nouveaux dans cette discipline, comme le ferait un savant s'efforçant d'inventer ou de découvrir de nouveaux théorèmes, ou de les appliquer à tel ou tel objet particulier, ainsi que s'y emploierait un ingénieur, que de penser de manière théorique et réflexive l'applicabilité des mathématiques aux phénomènes, *id est* d'en interroger les conditions et les limites. Cournot est convaincu du pouvoir d'intelligibilité des mathématiques. Il n'y a là de sa part ni mysticisme ni pythagorisme naïf : il s'agit de ne pas réduire les mathématiques au quantitatif et de garder à l'esprit la diversité de ses objets et de ses méthodes.

L'opération de connaissance est essentiellement une mise en ordre. Celle-ci peut se limiter à une distribution d'objets en catégories distinctes selon des principes de classification variés et multiples, mais posant ces objets dans leur extériorité réciproque. Il y a là un premier niveau d'organisation, nécessaire mais insuffisant à l'intelligibilité de ces objets, car seulement descriptif. Un pas est franchi lorsque nous cherchons à mettre en évidence les relations de dépendance et de subordination qui lient aussi bien les idées que les phénomènes entre eux, à raison des propriétés qui les constituent. Un tel ordre n'est pas seulement logiquement élaboré. Il est encore, dit Cournot, *rationnel*, en ce sens que, grâce à lui, nous nous efforçons de rendre raison des choses. Ce n'est pas que cet ordre rationnel nous fasse mystérieusement pénétrer l'essence même des choses (à supposer que cette expression ait un sens), mais en identifiant la multiplicité des relations qui se tissent entre les objets, il révèle les différentes façons dont elles dépendent les unes des autres et à quel degré. Jouent un rôle déterminant dans cette mise en ordre ces concepts que Cournot appelle les « idées fondamentales des mathématiques », comme celles de nombre, de distance, de volume, etc., sur lesquels prend appui le système des sciences mathématiques. Dans l'*Essai* de 1851, Cournot remarque en effet que « plusieurs de ces idées, malgré leur haut degré de généralité et d'abstraction, ne sont que des formes particulières, et en quelque sorte des espèces concrètes d'idées encore plus abstraites et plus générales », comme sont les idées de combinaison, d'ordre, de symétrie, d'inclusion, d'exclusion, etc.

En raison de ce haut degré de généralité, ces idées « encore plus abstraites » excèdent le champ des mathématiques pour former également la base de la logique, et constituer ainsi comme le socle sur lequel s'édifient les sciences formelles, caractérisées par leur indépendance à l'égard de tout contenu particulier et de toute détermination empirique. Cournot ne pouvait s'exprimer exactement en ces termes, mais telle est bien la conception qu'il développe en invoquant une « théorie de l'ordre et de la forme ». C'est justement à raison de cette indépendance, donc de leur caractère formel, que les idées mathématiques reçoivent leur fécondité. En effet, ces idées mathématiques fondamentales désignent des rapports formels et généraux entre symboles, qui peuvent ensuite être appliqués à l'étude des relations entre les phénomènes.

Ce qui vaut pour les phénomènes naturels vaut notamment pour les faits économiques et sociaux. C'est là une première conséquence de ce qui précède. Le caractère formel et symbolique des idées mathématiques ne les assujettit à aucun contenu empirique particulier, si bien qu'elles sont susceptibles de décrire les diverses formes de relations entre des éléments quel que soit le domaine auquel ils appartiennent. Cette thèse de Cournot est effectivement appliquée, avant même d'être explicitement formulée, dès 1838 dans les *Recherches sur les principes mathématiques de la théorie des richesses.*

Cela n'implique cependant pas que les diverses sciences mathématiques s'appliquent avec succès indifféremment à chacun des différents domaines d'objets, ou, pour mieux dire, à chacune des différentes disciplines qui les étudient. Cournot a d'ailleurs accordé une importance toute particulière à deux branches principales des mathématiques, le calcul infinitésimal d'une part, le calcul des probabilités et la statistique de l'autre. Comment Cournot conçoit-il cependant la fécondité respective de ces instruments pour l'investigation des phénomènes sociaux et, plus largement, quelle est la postérité des développements qu'il leur a consacrés dans le champ de l'économie ? Qu'en est-il, aujourd'hui, de l'impulsion donnée par Cournot à l'entreprise de modélisation mathématique de l'économie ?

Il convient de se demander si les idées mathématiques fondamentales sont de pures constructions intellectuelles permettant d'effectuer sur les symboles qu'elles relient et désignent tout à la fois un ensemble d'opérations, grâce auxquelles il nous est ensuite possible d'identifier et d'ordonner les relations entre les phénomènes, ou si ces idées sont découvertes, et non inventées, par le mathématicien parce qu'elles tiennent « à la nature des choses », et sont en quelque sorte « réalisées » par les relations phénoménales. Quelle que soit la position de Cournot, il reste qu'à ses yeux les idées mathématiques fondamentales désignent formellement des rapports généraux d'ordre, lesquels *correspondent* aux relations générales liant les phénomènes entre eux, et en procurent par là l'intelligibilité. « L'esprit, écrit-il en 1872 dans les *Considérations*, découvre les vérités mathématiques par ses propres forces, les conçoit comme des vérités nécessaires : après quoi, et en fait bien plus tard, l'observateur prouve que les vérités ainsi découvertes expliquent et gouvernent effectivement les faits naturels. »

Enfin, la question centrale qui commande la réflexion épistémologique de Cournot vise à élucider la signification et la portée que l'on peut reconnaître aux applications des mathématiques. Il y insiste à plusieurs reprises : alors que les mathématiciens s'entendront aisément sur les méthodes à mettre en œuvre pour obtenir un résultat, ils divergeront sur l'interprétation qu'il convient de reconnaître à son application à l'expérience. Cournot s'emploie surtout à prévenir le risque de confondre un procédé artificiel avec une propriété de l'objet étudié, ou à projeter illusoirement sur l'objet des caractères qui tiennent à l'instrument conceptuel utilisé et à la façon de le mettre en œuvre. Il y a là de la part de Cournot une clairvoyance épistémologique dont on cherchera à apercevoir les prolongements et les échos dans la pensée contemporaine.

Le projet de cet ouvrage n'est pas historiographique. Nous ne nous proposons pas de restituer au plus près la pensée de Cournot pour elle-même, en confrontant les diverses interprétations qu'elle a pu susciter, mais d'évaluer la pertinence de son héritage, partant de son actualité tant sur le plan épistémologique, méthodologique que doctrinal. Cet héritage ne va en effet pas de soi. Lors de la parution des *Recherches* de 1838, le livre passa presque inaperçu. Les écrits économiques postérieurs de Cournot, expurgés de l'appareillage mathématique, *Principes de la théorie des richesses* (1863) et *Revue sommaire des doctrines économiques* (1877), ne rencontrèrent pas un meilleur accueil. Au début des années 1940 pourtant, ses contributions à la théorie économique sont largement reconnues et discutées. À quoi tient cette reconnaissance tardive ? Que retiennent aujourd'hui de l'œuvre de Cournot les chercheurs qui se concentrent sur les mathématiques sociales ? Plus largement, en quoi nous permet-il de mieux penser le rapport des mathématiques à l'expérience ?

Ce sont ces questions qui sont éclairées dans cet ouvrage, où économistes, mathématiciens, philosophes et statisticiens sont conviés à prendre la mesure de l'héritage de l'œuvre de Cournot au début du XXIe siècle. La démarche probabiliste est au cœur de la pensée de Cournot, non seulement parce que, mathématicien, il est l'auteur d'un traité consacré à cette branche des mathématiques, l'*Exposition de la théorie des chances et des probabilités*, mais aussi parce que son épistémologie repose sur l'affirmation selon laquelle la relation des hypothèses théoriques constitutives de la connaissance scientifique à la réalité empirique ne peut être fondée que sur le mode probabiliste, la réflexion philosophique ayant alors pour fonction d'évaluer, dans chaque cas, la force de cette probabilité. C'est alors en philosophe probabiliste que Cournot interroge la relation de la théorie des probabilités à l'expérience et le statut du concept mathématique de probabilité.

Jean Magnan de Bornier rappelle pour commencer les apports essentiels de l'œuvre de Cournot à la discipline économique qui se constitue au XXe siècle. Il précise comment leur réception s'est modifiée et amplifiée en fonction des développements ultérieurs de l'économie, insistant notamment sur la théorie des marchés, son analyse de la fiscalité, et les concepts-clefs de coût marginal et d'élasticité. Il souligne l'importance historique, pour la constitution de l'économie mathématique, de son entreprise de modélisation, même si celle-ci reste limitée dans son extension, et en fait voir à la fois la fécondité et les limites. Le destin des *Recherches* intéresse particulièrement Jean Magnan de Bornier, tout d'abord à l'intérieur même du parcours de Cournot, lequel semble curieusement ne pas se préoccuper du devenir d'une œuvre dont il sait pourtant l'originalité ; ensuite au cours des développements ultérieurs de la science économique, et principalement dans le cadre de la théorie marginaliste, puis, plus récemment, de la théorie des jeux où la place de Cournot fait, de sa part, l'objet d'un réexamen.

Thierry Martin montre de son côté que la représentation cournotienne est structurée par une double distinction, celle des probabilités mathématiques et philosophiques d'une part, celle des probabilités objectives et subjectives de l'autre. L'originalité de Cournot est ici d'expliciter cette dualité de signification de la probabilité mathématique, non pour la récuser au profit de telle interprétation aux dépens de l'autre, mais pour l'admettre comme deux formes de la démarche probabiliste, selon la façon dont elle s'applique à ses objets. Toute la difficulté est alors de savoir comment attribuer une signification objective à la probabilité mathématique, dès lors que celle-ci ne se réduit pas à un postulat fréquentiste. C'est à quoi répondent deux thèses majeures de l'épistémologie cournotienne : sa représentation objectiviste du hasard d'un côté, le principe de l'impossibilité physique, ancêtre de ce que les probabilistes contemporains nommeront le « principe de Cournot » de l'autre. Cette même préoccupation épistémologique commandant les développements que Cournot consacre à la statistique, Th. Martin peut revenir sur le primat reconnu par Cournot au calcul différentiel dans l'analyse de l'équilibre économique, pour récuser la thèse selon laquelle il témoignerait d'une résistance de sa part à l'usage des statistiques dans le champ économique.

Si l'on peut admettre que Cournot inaugure la modélisation mathématique en économie, c'est au sens où il recourt à l'instrument mathématique pour penser les phénomènes économiques. Bernard Walliser montre ainsi que la réflexion épistémologique cournotienne ne se déploie pas dans la forme d'une théorie des modèles. Aussi, afin de mettre à l'épreuve l'héritage de Cournot, B. Walliser propose-t-il une épistémologie générale des modèles, tels qu'ils sont aujourd'hui échafaudés, ordonnée à partir des six fonctions de modélisation qu'il identifie. Il soumet alors leurs produits à un examen critique visant à en dégager la force et les limites, et leur aptitude respective à éclairer les phénomènes naturels ou les faits sociaux. Son analyse conduit à souligner la diversité des formes de modélisation, selon les principes théoriques qui les commandent et les domaines empiriques auxquels renvoient les modèles, selon les formalismes qu'ils mobilisent et les rôles sociaux qu'ils remplissent, selon enfin les mécanismes opératoires et pédagogiques qu'ils mettent en œuvre. Par-delà ces différences, il demeure que le modèle, grâce à la puissance opératoire et la simplicité formelle de l'instrument mathématique utilisé, rend accessibles des résultats que le récit littéraire ne peut atteindre ou n'atteint que difficilement. Il permet, selon le mot de B. Walliser, « la poursuite du raisonnement par d'autres moyens ». En revanche, il exige d'être à chaque fois complété par une analyse réflexive chargée d'interpréter les résultats auxquels il aboutit.

Glenn Shafer prend pour objet ce que l'on a appelé le « principe de Cournot », selon lequel un événement de probabilité faible ou nulle ne se produit pas. Mobilisé notamment par les probabilistes français et russes dans la première moitié du XXe siècle, ce principe permet de donner aux applications du calcul des probabilités un contenu empirique clair. Glenn Shafer montre que c'est justement l'oubli de ce principe qui a obscurci la signification pratique des probabilités, et notamment leur application à l'hypothèse des marchés efficients. Ce principe peut, en effet, être investi dans le cadre de la théorie des jeux, où il signifie qu'il n'existe pas de stratégie permettant au parieur de multiplier sa mise par un facteur infini sans risquer la banqueroute. Son analyse commence par décrire la manière dont le principe est mobilisé antérieurement à son explicitation chez Cournot, sous la forme de la certitude morale chère aux probabilistes du XVIIIe siècle (Jacques Bernoulli ou Buffon notamment), puis ultérieurement d'un côté chez Chuprov et Markov, de l'autre dans la tradition française marquée notamment par les travaux de Borel, Lévy et Fréchet. Il est ainsi conduit à restituer les débats qui animent alors les probabilistes en Europe et aux États-Unis sur la signification des probabilités et la place qu'occupe le principe de Cournot dans la mise en place de l'axiomatisation du calcul par Kolmogorov. Après avoir exposé les principes de la théorie probabiliste des jeux, et rappelé en quoi elle offre au calcul des probabilités un fondement plus riche que la théorie de la mesure, conformément à l'analyse de Shafer et Vovk, il montre comment le principe de Cournot peut, dans ce cadre, s'appliquer au prix des marchés pour fournir une hypothèse de leur efficience moins forte, et donc plus réaliste, que l'hypothèse classique selon laquelle les variations des cours sont fonction de nouvelles informations.

Le texte de Robert Aumann inséré dans cet ouvrage correspond à la version finale du discours de réception du prix Nobel, dont il avait présenté la version préliminaire à la conférence du Centre Cournot de décembre 2005. Le propos de l'auteur, qui relate sa contribution à la théorie économique et plus particulièrement à la théorie des jeux non coopératifs, rend directement hommage à l'œuvre de Cournot. En discernant l'équilibre que l'on associe aujourd'hui à John Nash, Cournot pose en effet les fondations mathématiques de l'analyse des jeux dans lesquels les acteurs ne peuvent coopérer, plus d'un siècle avant qu'ils ne soient étudiés.

Dans sa contribution, Robert Solow s'attarde sur les intuitions macro-économiques d'Augustin Cournot. Dans quelle mesure ses travaux annoncent-ils le courant théorique dont l'auteur de ce chapitre sera l'un des pères fondateurs ? La relecture des *Principes mathématiques* que propose Solow l'invite à formuler une réponse contrastée : les très grandes intuitions de Cournot sont parfois émaillées de quelques simplifications qui apparaissent aux économistes contemporains comme autant d'erreurs. Pourtant, Solow détaille la dette des chercheurs en économie vis-à-vis de Cournot dans leur compréhension de thèmes aussi divers que les variations du revenu social, les profits tirés du commerce international, les duopoles, les oligopoles et les formes de la concurrence.

Alain Desrosières rappelle deux idées fortes de l'épistémologie probabiliste et statistique de Cournot pour en montrer la fécondité au XXe siècle : d'une part sa distinction des significations objective et subjective des probabilités, de l'autre sa discussion de l'interprétation des « coupes », c'est-à-dire de la distribution d'une population d'objets en catégories statistiques distinctes. Dans les deux cas, la question engage l'interprétation que l'on entend donner des résultats de l'analyse mathématique, interprétation dont on ne peut faire l'économie, précisait Cournot, sans s'exposer à des équivoques ou des obscurités qu'il permet ainsi, par avance, de dénoncer. Alain Desrosières insiste plus particulièrement sur la construction des nomenclatures statistiques et souligne qu'elle suppose une intervention active du statisticien par laquelle celui-ci définit un espace d'équivalence, grâce auquel les objets deviennent comparables, par-delà leurs particularités, et s'offrent ainsi à la catégorisation et au traitement statistique. S'agissant des sciences sociales, l'opération de quantification, distinguée de celle de mesure, ne rencontre pas un objet déjà constitué et offert à l'opération de mesure ; elle doit construire son objet qui ne préexiste pas à l'analyse. Ce sont les conditions à la fois épistémologiques et sociologiques de la traduction par laquelle s'établit la convention d'équivalence permettant la quantification qu'Alain Desrosières inspecte à propos de trois exemples, celui de la maîtrise probabiliste du risque, celui de l'évaluation et de l'interprétation des agrégats macroéconomiques, celui enfin de l'évaluation de la gestion publique. Son analyse s'emploie à montrer comment, dans la seconde moitié du XXe siècle, les usages sociaux des probabilités et de la statistique ont permis de répondre *pratiquement* aux difficultés épistémologiques soulevées par l'entreprise de quantification du social, en définissant des conventions d'équivalence permettant de « comparer l'incomparable ».

Cournot et l'économie : quelques repères

JEAN MAGNAN DE BORNIER[1]

Augustin Cournot (1801-1877) est une figure unique au XIXe siècle ; mathématicien, économiste et philosophe, grande figure de l'Instruction publique, il a laissé une œuvre considérable dans de nombreux domaines. On n'aborde ici que celui de l'économie où la place de Cournot est particulière : ayant publié assez jeune le volume des *Recherches* (Cournot [1838], 1980), il s'est consacré ensuite à d'autres disciplines, ne revenant à l'économie qu'à la fin de sa vie, essentiellement pour réaffirmer ses positions précédentes. Les quelques pages qui suivent décrivent l'essentiel de ce que l'économiste peut apprendre de la lecture des *Recherches*, et tentent de résumer le destin en zigzag de ses idées depuis leur première publication.

Un héritage économique considérable

Une simple énumération des concepts que Cournot a offerts à la discipline de l'économie politique, encore bien jeune dans les années 1830, montre l'étendue de ce que nous lui devons aujourd'hui. Certaines de ces innovations apparaissent de manière éclatante et sont présentes en première place quand on évoque, même superficiellement, l'héritage cournotien ; d'autres sont plus discrètes, n'ayant pas reçu les développements nécessaires,

1. GREQAM, Université Paul-Cézanne Aix-Marseille.

ou n'ayant parfois tout simplement pas reçu de nom, ou encore n'ayant pas été comprises. Le premier ouvrage d'économie publié par Cournot, en 1838, les *Recherches sur les principes mathématiques de la théorie des richesses*, peut, rétrospectivement, être regardé comme un coup de tonnerre, même s'il est passé largement inaperçu à ce moment-là et pendant le demi-siècle qui a suivi.

L'utilisation des mathématiques

Une des grandes avancées de Cournot est d'avoir indiqué la voie à suivre pour que l'économie politique puisse bénéficier de la puissance du raisonnement mathématique. On se souvient évidemment que les mathématiques sont la formation première de Cournot – l'élève préféré de Poisson, lequel voyait d'ailleurs en lui un futur créateur dans ce domaine –, ce qui se révéla inexact. Cournot propose et met en œuvre une vision très équilibrée de la nécessaire mathématisation du raisonnement économique. Tout en admettant que certains auteurs comme Adam Smith ou Jean-Baptiste Say se passent fort bien d'outils mathématiques, Cournot note que d'autres, dont Ricardo, abordant des questions plus abstraites ou recherchant une plus grande précision, n'ont pu éviter l'algèbre, et n'ont fait que la déguiser sous des calculs arithmétiques d'une prolixité fatigante. Quiconque connaît la notation algébrique lit d'un clin d'œil dans une équation le résultat auquel on parvient péniblement par des règles de fausse position, dans l'arithmétique de banque (Cournot [1838], 1980).

Cournot entend bien se situer au même niveau d'exigence qu'un Ricardo, en y apportant les outils nécessaires, c'est-à-dire « cette branche de l'analyse qui a pour objet des fonctions arbitraires, assujetties seulement à satisfaire à certaines conditions ». Il s'agit de mathématiques simples – « les premières notions du calcul différentiel et intégral » – mais Cournot admet que ses lecteurs ne seront pas les amateurs qui seraient dépassés par cette approche abstraite, ni les vrais mathématiciens, les « géomètres de profession ». Cournot s'adresse en réalité à une catégorie bien particulière :

> ... il y a, en France surtout, grâce à une école célèbre, une classe nombreuse d'hommes qui, après avoir fait de fortes études dans les sciences mathématiques, ont dirigé leurs travaux vers les applications de cette science qui intéressent particulièrement la société. Les théories sur la richesse sociale doivent attirer leur attention (Cournot [1838], 1980).

Il s'agit de ceux qu'on a nommés depuis les « ingénieurs-économistes », catégorie toujours bien vivante à laquelle Cournot n'appartenait pas mais dont évidemment il se sentait proche. Pourtant, l'économie mathématique de Cournot se distingue fondamentalement de celle de l'ingénieur-économiste : quoiqu'elle ressortisse à la même technicité dans la formalisation mathématique, elle ne s'attaque pas aux thèmes qui intéressent ce dernier, comme par exemple les péages à établir sur un canal que Jules Dupuit, modèle de l'ingénieur-économiste, étudiera peu de temps après la parution des *Recherches* de Cournot ; celui-ci reste fondamentalement un théoricien pur, conscient des erreurs où risquerait de mener une mise en application hâtive de la théorie, qui pour lui doit d'ailleurs renoncer à toute prétention normative.

Que Cournot écrive pour une catégorie bien particulière est une donnée contingente qui aujourd'hui, et depuis longtemps, n'a plus de portée autre qu'historique. Les progrès de la modélisation économique font de l'économie mathématique de Cournot une science tout à fait actuelle, qui n'a rien perdu de sa validité mais est devenue plus facile d'accès, et les réécritures non formalisées de sa théorie des marchés que Cournot a cru bon de proposer (Cournot [1863] 1981 et [1877] 1982) nous semblent aujourd'hui de peu d'intérêt. Cette banalisation actuelle de la modélisation ne doit pourtant pas masquer le caractère profondément novateur qu'elle a connu grâce à Cournot qui a manipulé cette technique avec une profondeur et une justesse totalement nouvelles, dans le monde de la pensée économique s'entend. Malgré la puissance de l'outil mathématique, dont il était conscient, Cournot ne pensait pas qu'on puisse modéliser tous les problèmes économiques, comme le montrent les doutes qu'il exprime au sujet de l'interdépendance des marchés.

L'analyse du monopole et de la concurrence

Une des grandes réussites de Cournot est d'avoir fourni, pour la première fois, une théorie complète – on ne veut pas dire exhaustive – des *formes de marché*. Le monopole, qu'on n'a pas besoin de définir, l'oligopole où quelques vendeurs se font concurrence, la concurrence « indéfinie » où les offreurs sont très nombreux, s'enchaînent dans l'analyse cournotienne comme autant d'instances d'une loi unique se manifestant dans des environnements économiques différents.

La théorie économique d'aujourd'hui ne procède pas ainsi ; elle identifie quelques « structures de marché » élémentaires, dont les hypothèses, évidemment, mais aussi les modes de fonctionnement sont différents. Ces structures – monopole, oligopole, concurrence pure et parfaite ou concurrence monopolistique pour ne citer que les plus classiques – peuvent, malgré leurs différences, être comparées en termes de performances, une condition essentielle pour satisfaire les penchants normatifs de l'analyse économique moderne. Une des discontinuités fondamentales entre ces approches est que la concurrence pure et parfaite est une situation dans laquelle les agents économiques sont supposés incapables de manipuler les prix, ils sont des « preneurs de prix », alors que les firmes oligopolistiques et les monopoles sont considérés comme disposant du pouvoir de fixer les prix sur leur(s) marché(s). Malgré certains caractères communs, il existe donc une théorie (parfois plusieurs) pour chaque structure de marché, il n'y a pas de théorie unitaire.

La théorie des marchés proposée par Cournot, quelques dizaines d'années avant que se constitue l'analyse des structures de marché, est au contraire une théorie unitaire dans laquelle on passe d'une structure à une autre sans changer de cadre, de mécanisme d'optimisation ; seul le nombre des offreurs se modifie graduellement.

Cette théorie repose en outre sur un nombre restreint d'hypothèses :

Maximisation du profit : Chaque producteur cherche le profit maximum ;

Demande résiduelle : Chaque producteur manipule à cet effet le prix de marché en supposant que ses concurrents, s'il en a, lui abandonnent un part constante de la demande exprimée par les consommateurs.

C'est cette deuxième hypothèse qui caractérise réellement la théorie cournotienne, et il peut être utile d'en préciser la signification et la portée.

Dans le cas de deux concurrents (duopole), Cournot propose une analyse du marché où chaque producteur fait son plan de production en croyant que ce plan n'incitera pas son concurrent à modifier les siens ; ainsi, il peut considérer la politique qu'il constate chez son concurrent comme stable ; et la demande que le concurrent ne sert pas ne pourra être servie que par lui-même. Il se considère « propriétaire » de cette partie de la demande (la demande résiduelle) au même titre que le monopole est « propriétaire » de toute la demande sur son marché. L'analyse du duopole se ramène donc à l'analyse des politiques fixées par deux petits monopoles. Quand Cournot étudie le duopole, il a déjà fourni la théorie du monopole, il ne lui reste qu'à l'appliquer à ce cas particulier. Cette théorie permet de préciser ce que sera l'équilibre du marché – dans le jargon moderne, il s'agit évidemment d'un *équilibre de Cournot*.

Il n'y a pas de raison de s'arrêter à deux firmes ; le raisonnement peut être étendu à un nombre de plus en plus grand de firmes, il donne toujours des résultats solides et intuitivement satisfaisants. Quand on arrive à un nombre important de concurrents, on peut parler de « concurrence indéfinie », alors que la théorie moderne désigne cet état de marché comme « concurrence pure et parfaite » (CPP) moyennant, il est vrai, quelques hypothèses supplémentaires. Ce qui est remarquable est qu'avec ses seules deux hypothèses Cournot a formulé, bien avant les théoriciens de la CPP, la condition d'équilibre fondamentale pour ce marché, à savoir l'égalité entre le prix et le coût marginal. Ce qui peut sembler, vu de manière rétrospective, un tour de force, est obtenu par Cournot au prix d'une représentation peu crédible des mécanismes de marché. En effet, l'hypothèse de *demande résiduelle*, indispensable ici, n'est guère tenable quand il s'agit d'agents économiques petits, alors qu'elle est vraisemblable jusqu'à un certain point dans le cas d'oligopoles en nombre restreint : on voit mal, en effet, un producteur représentant par exemple un dix-millième des parts de marché, agir comme s'il était un petit monopole et considérer qu'il a la possibilité de fixer le prix sur ce marché.

Une autre différence notable entre ces approches est que l'analyse cournotienne part du monopole pour étendre peu à peu le nombre d'intervenants sur un marché ; liée intimement aux hypothèses de Cournot, cette méthode d'exposition offre l'avantage de coller de près à ce qu'on peut imaginer être le développement historique réel des marchés, commençant par une situation de monopole, puis avec des concurrents de plus en plus nombreux attirés par les forces concurrentielles, jusqu'au moment où il est impossible à de nouveaux entrants de réaliser des profits en pénétrant un marché saturé par une offre abondante.

Ainsi, malgré l'élégance de son architecture, sa proximité des modes observables de développement des marchés, la théorie des marchés de Cournot n'a pas été retenue comme théorie standard par les économistes modernes, qui préfèrent, pour décrire les marchés concurrentiels, recourir à d'autres hypothèses, un peu moins excessives que celles de Cournot, quoiqu'elles soient très loin d'être réalistes. En réalité l'hypothèse centrale de la CPP est simplement l'opposé polaire de l'hypothèse cournotienne selon laquelle chaque agent fixe sa production en même temps qu'il manipule le prix de marché : c'est l'hypothèse d'agents « preneurs de prix », aboutissant à l'objet « marché », certes facile à étudier pour l'économiste, mais fondamentalement inacceptable, puisque le prix est supposé se fixer « tout seul », sans intervention d'aucun agent.

La théorie des marchés de Cournot constitue cependant la base, reconnue de tous, d'étude des situations hors CPP, ce qu'on nomme actuellement « concurrence imparfaite ». Cette étude, comportant de nombreux cas n'appartenant pas au programme initial de Cournot, est cependant d'une complexité conceptuelle et formelle très au-delà de ce qu'on pouvait imaginer en 1838.

L'analyse économique de la fiscalité

À côté de la théorie des marchés, Cournot s'est intéressé à beaucoup de questions sans les approfondir autant que cette dernière, et a défini et utilisé des instruments ou concepts sans réellement en faire une théorie systématique ; certains d'entre eux sont centraux dans la science économique contemporaine.

Un exemple d'une question abordée malheureusement trop vite est celui de *l'incidence fiscale*.

En consacrant un chapitre des *Recherches* à « l'influence de l'impôt sur les denrées dont la production est en monopole[1] », Cournot entend montrer qu'on peut traiter de manière rationnelle la question fiscale. Il n'est pas, évidemment, le premier économiste à s'en préoccuper ; l'impôt est un thème privilégié de l'économiste, et la recherche d'une fiscalité contribuant au bien commun, qui remonte au moins à Vauban et Boisguilbert, a été une préoccupation centrale des physiocrates.

La méthode de Cournot, ici encore, est novatrice. Elle vise à *évaluer* avec le plus de précision possible des solutions pratiques ; c'est même ici que Cournot est le plus proche des ingénieurs-économistes et d'une *ingénierie sociale*. C'est là aussi que sa préoccupation de l'intérêt général a le plus d'évidence. On y trouve le souci du rendement, de l'efficacité, de l'impôt, d'un point de vue social, et non pas du simple point de vue de l'administration fiscale.

---

1. « Denrée », propre au texte de Cournot et à la théorie des richesses du XIXe siècle en général, trouve dans cet ouvrage une équivalence parfaite avec « bien de consommation » ou, plus précisément, « bien destiné à la consommation finale ». *(N.d.E.)*

Dans le seul cadre du monopole, l'analyse de Cournot est la confrontation de deux grands systèmes, l'impôt portant soit sur le revenu du monopoleur soit sur ses ventes ; et, dans ce dernier cas, trois modalités alternatives sont examinées : l'impôt consiste en une somme fixe par unité vendue, ou par un pourcentage des ventes, ou par un prélèvement en nature proportionnel à la quantité vendue.

Comment juger qu'un impôt est meilleur ou pire qu'un autre ? Cournot ne porte pas de jugement sur le *montant* de l'impôt, considérant apparemment qu'il trouve sa justification ailleurs que dans la pure logique qu'il met en œuvre, mais sur la seule technique fiscale. Cette question est importante, puisque

> (c)et impôt, quoiqu'il n'atteigne pas les consommateurs, peut être néanmoins très préjudiciable à l'intérêt général… parce que la portion prélevée par l'impôt sur le revenu du producteur est employée ordinairement d'une manière moins profitable à l'accroissement du produit annuel, de la richesse nationale, et du bien-être de la population, que si elle fût restée à la disposition du producteur lui-même (Cournot [1838], 1980).

Ainsi, une préoccupation – ou du moins une contrainte – fondamentale en matière fiscale est la croissance, point de vue d'une actualité évidente.

Des concepts essentiels de l'analyse économique

Au titre des concepts que Cournot a définis ou contribué à définir, on citera l'*élasticité-prix* et le *coût marginal.* Il s'agit de notions que l'économie considère comme indispensables, et dont l'utilisation dépasse largement le cadre de la spécialisation stricte.

L'élasticité-prix

Si Cournot n'a pas défini l'élasticité-prix, il a indiqué tous les outils pour le faire, dans le chapitre qu'il consacre à la loi de la demande ou « loi du débit ». Ce dernier est une fonction décroissante du prix pratiqué, et on peut lui appliquer certaines hypothèses :

> Supposons que le prix étant devenu $p+\Delta p$, la consommation annuelle (...) soit devenue $D-\Delta D$, selon que l'on aura
> $$\frac{\Delta D}{\Delta p}<\frac{D}{p} \text{ ou } \frac{\Delta D}{\Delta p}>\frac{D}{p}$$
> l'accroissement de prix Δp fera augmenter ou diminuer le produit $pf(p)$; et l'on saura conséquemment si les deux valeurs p, $p+\Delta p$ (Δp étant censé être une petite fraction de p) tombent en deçà ou au-delà de la valeur qui porte au maximum le produit en question (Cournot [1838], 1980).

On voit bien que l'alternative posée par Cournot peut s'écrire

$$\frac{\Delta D}{\Delta p}\frac{p}{D}< \text{ou} >1$$

ce qui n'est rien d'autre que la proposition « l'élasticité-prix est inférieure ou supérieure à l'unité ». Même si le propos d'ensemble de Cournot, à ce sujet, n'est pas réellement limpide, l'outil est pertinent.

Le coût marginal

Quant au coût marginal, il joue un rôle non négligeable dans les *Recherches*. Ce « coefficient différentiel », que Cournot désigne sous l'appellation poétique de $\varphi'(D)$,

> ... est, selon la nature des forces productives et des denrées produites, susceptible de croître et de décroître quand D augmente.
> Pour ce qu'on appelle proprement *produits manufacturés*, il arrive d'ordinaire que les frais sont proportionnellement moindres quand la production s'accroît, ou, en d'autres termes, que D croissant, $\varphi'(D)$ est une fonction décroissante. Ceci tient à une organisation plus avantageuse du travail, à des remises sur les prix des matières premières, lorsqu'on les achète en gros, enfin à l'atténuation de ce que les producteurs appellent les *frais généraux*. Il peut cependant

> arriver, même dans l'exploitation des produits de cette nature, que l'exploitation poussée au-delà de certaines limites provoque le renchérissement des matières premières et de la main-d'œuvre, au point que la fonction $\varphi'(D)$ redevienne croissante avec D (Cournot [1838], 1980).

La théorie des coûts décroissants, conséquence à la fois de *rendements croissants* et de conditions commerciales favorables, est complètement présentée ici. La courbe de coût « en U », considérée par l'économiste d'aujourd'hui comme le cas standard, apparaît là comme une option vraisemblable, quoique non automatique. Dans ces quelques phrases limpides, mais beaucoup trop rapides, Cournot offre un condensé magistral de théorie des coûts. Qui prêtera suffisamment attention à ces phrases proposées comme des évidences, qui concernent un *coefficient différentiel* qui n'a même pas de nom ? Ce coefficient différentiel, c'est le coût marginal, et on peut parier qu'avec un peu d'insistance, en lui donnant simplement un nom, Cournot aurait pu hâter considérablement la « découverte » du marginalisme – ou plutôt sa systématisation – qui a eu lieu dans les années 1870 grâce à Jevons, Menger et Walras. On voit bien qu'avec Cournot avoir des idées neuves et en faire la promotion sont deux talents bien différents.

Il continue cependant l'analyse des produits manufacturés n'étant qu'une partie de ce développement :

> Quand il s'agit de l'exploitation des terres arables, des mines, des carrières, de la richesse éminemment foncière, la fonction $\varphi'(D)$ est croissante avec D ; et c'est, comme nous ne tarderons pas à le voir, en raison de cette seule circonstance que les terres, les mines, les carrières donnent un revenu net à leurs propriétaires, bien avant qu'on ait tiré du sol tout ce qu'il peut physiquement produire, et nonobstant la grande division de ces propriétés, qui établit entre producteurs une concurrence que l'on peut regarder comme indéfinie. Au contraire, les fonds productifs, placés dans des circonstances telles que, D croissant, $\varphi'(D)$ décroisse, ne peuvent donner un revenu net ou un *fermage* que dans le cas d'un monopole proprement dit, ou d'une concurrence assez bornée pour que les effets

d'un monopole exercé collectivement soient encore sensibles (*ibid*, p. 45-46).

Comme chez Ricardo, les rendements décroissants (ou plus exactement, ici, les coûts unitaires croissants) produisent la rente ou fermage. Sans reconnaître explicitement une priorité à ce dernier, Cournot montre qu'il accepte son raisonnement, mais en le replaçant dans un cadre général ; on voit bien en lisant ce texte que la théorie de la rente n'apparaît pas comme une spécifité du facteur de production « terre » ni d'un ordre quelconque de mise en exploitation des terres ; c'est l'application d'une loi plus générale à des circonstances particulières qui pourraient bien, après tout, se présenter aussi dans les secteurs industriels ; la « quasi-rente » marshallienne n'est pas loin.

En opposant le comportement des coûts dans le secteur « primaire » à ce qu'il est dans l'industrie, Cournot indique ainsi l'importance de l'interaction entre les conditions de production et les conditions de concurrence d'un marché, interaction qui fait de cette branche de l'économie un domaine si riche.

Le destin incertain d'une œuvre économique : des théories peu connues et mal acceptées

Le coup d'éclat que constituent les *Recherches* n'aura guère de suite dans la vie intellectuelle française pendant quelques dizaines d'années. Cournot mène une carrière de haut fonctionnaire : professeur d'analyse à l'université de Lyon en 1834, puis recteur de l'académie de Grenoble et professeur à la Faculté des sciences en 1835. En 1836, il devient inspecteur général des études, puis de 1856 à 1861, recteur de l'académie de Dijon. Il n'est pas un économiste professionnel, et s'il reste un penseur et un auteur fécond, il s'intéresse à l'ensemble des champs de la connaissance, la philosophie des sciences et en particulier des probabilités devenant une préoccupation majeure (Martin, 1994, 1995).

Ainsi l'économie politique, après 1838, ne fait plus partie des préoccupations premières de Cournot ; non seulement il ne publie aucun autre ouvrage concernant l'économie avant 1863, mais il ne semble aucunement chercher à diffuser ses idées, ni dans le grand public – ce qui s'explique assez bien compte tenu de la nature des *Richesses* – ni auprès de ceux mêmes pour qui il déclarait écrire, les ingénieurs-économistes. Cournot se comporte comme si la justesse et la pertinence de son traité devaient être reconnues tôt ou tard (c'est bien ce qui arriva, quoique assez lentement !). Il n'assure aucune promotion de ses idées, ne participe pas aux débats que les socialistes (« utopiques » ou « scientifiques »), philosophes, économistes, publicistes, etc., se livrent concernant l'organisation de la société. Il ne cherche pas non plus à former une *école*, soubassement pourtant fondamental de toute diffusion d'une théorie nouvelle.

Cette attitude ne s'explique pas aisément. Que Cournot se soit désintéressé de la discipline est invraisemblable ; qu'il ait considéré les *Recherches* comme un ouvrage achevé, complet, insurmontable, ne l'est pas moins. Bien évidemment, la carrière que mène Cournot ne lui laisse certainement que peu de temps pour poursuivre ses recherches économiques, mais cela n'explique pas son désintérêt apparent.

Dans ses dernières années, Cournot revient pourtant sur la théorie économique, grâce à deux ouvrages qui reprennent certains éléments des *Recherches*, en particulier les conclusions essentielles de la théorie des marchés, sous une forme non mathématique.

Les *Recherches* n'ont attiré l'attention du monde intellectuel que lentement. Un compte rendu du livre apparaît dans le *Canadian Journal of Industry, Science and Art* en 1857 (Cherriman, 1857) ; il ne sera sans doute guère lu en France, et rien n'indique que Cournot en ait eu connaissance. Fauveau (1867) publie un bref article faisant essentiellement état non de la théorie cournotienne elle-même, mais des difficultés que la lecture (ou la compréhension) des signes mathématiques soulève. De la publication des *Principes de la théorie des richesses* (Cournot [1863], 1981), le second ouvrage de Cournot consacré à l'économie, Fontenay offrira une critique (Fontenay, 1863), mais ce n'est qu'en 1883, six ans après la disparition de Cournot, qu'une première analyse sérieuse des *Recherches* paraît en France. Elle est fondamentale, émanant du plus éminent des mathématiciens français de cette période, Joseph Bertrand, dont la motivation première est en réalité de critiquer la *Théorie mathématique de la richesse sociale* de Walras, plus actuel et beaucoup plus actif dans la promotion de son œuvre ; Bertrand a jugé opportun de commenter du même coup l'ouvrage de Cournot. Peu convaincu par les applications des mathématiques aux sciences de l'homme, Bertrand n'est guère élogieux, quoique ses critiques envers Walras soient beaucoup plus sévères que celles qu'il adresse à Cournot. C'est pourtant plus la critique adressée à Cournot qui connaîtra la postérité, et on parle aujourd'hui du « modèle de Bertrand » comme d'une alternative à la formulation de la théorie de l'oligopole proposée par Cournot.

Les traductions elles aussi seront longues à venir ; la première d'entre elles, la traduction italienne des *Recherches*, paraît en 1878, un an après sa disparition. La traduction en anglais date de 1897, et une traduction allemande n'est publiée qu'en 1924.

Cependant, les progrès de la discipline, en particulier la révolution marginaliste des années 1870 et l'apparition d'une nouvelle génération d'économistes convaincus de l'utilité d'une mathématisation de l'économie poussent à lire enfin l'œuvre économique de Cournot.

Des débats se font jour concernant certaines de ses propositions, en particulier à propos de la théorie des marchés. Alors que la théorie du monopole est largement acceptée, la théorie de la concurrence suscite des critiques ; c'est Francis Edgeworth qui sera, à partir des années 1880, le plus farouche des opposants à Cournot – en particulier à son modèle de duopole et d'oligopole. L'influence d'Edgeworth dans ce domaine sera durable dans le paysage intellectuel britannique et, à un moindre degré, aux États-Unis.

Le début du XXe siècle est ainsi pour les théories économiques de Cournot, non une traversée du désert comme l'avait été le milieu du XIXe, mais plutôt une période de critique et de rejet ; les défauts les plus criants de la théorie des marchés étaient mis en évidence et apparaissaient comme des raisons de repousser l'édifice dans sa totalité (Magnan de Bornier, 2000) ; la fin des années 1920 et les années 1930, période très féconde pour la théorie économique, voient naître de nombreux ouvrages consacrés à la concurrence imparfaite qui tous, à un degré ou à un autre, placent l'approche cournotienne dans la catégorie des erreurs du passé (Robinson, 1969 ; Chamberlin, 1954).

Les économistes français ne participent guère à ces débats de la première moitié du XXe siècle qu'ils connaissent d'ailleurs assez peu. Cournot leur apparaît dans le meilleur des cas plus comme un précurseur de l'économie mathématique de leur temps, celle que Walras et Pareto ont fondée, que comme un économiste actuel dont les thèses auraient quelque pertinence. Parmi les économistes mathématiciens, il est apprécié comme théoricien des probabilités et de la statistique plutôt que comme économiste.

La théorie des jeux et le renouveau cournotien

En 1950 John Nash décrit une solution mathématique au problème de l'équilibre des jeux non coopératifs, qu'on désigne sous le nom d'*équilibre de Nash*. Cette découverte révolutionnera la théorie des jeux alors à peine naissante, et reste un « concept de solution » de premier plan aujourd'hui, décliné d'ailleurs sous de nombreuses formes et dans de nombreux domaines de l'économie, des autres sciences sociales, de la biologie ou encore de l'informatique.

On ne tarde pas à découvrir, au début des années 1950, que l'équilibre défini par Cournot dans sa théorie des marchés, essentiellement dans le cas des oligopoles, est techniquement un équilibre de Nash, certains auteurs allant jusqu'à l'appeler dorénavant « équilibre de Cournot-Nash ». Dès lors, les travaux de Cournot retrouvent une légitimité que le fait d'avoir anticipé une découverte mathématique avec plus d'un siècle d'avance ne pouvait qu'affermir. Ce qui, dans l'économie théorique des années 1930 et 1940, semblait naïveté et incohérence, paraît d'un coup de baguette magique sous un jour nouveau.

Pour l'économiste, les avantages procurés par le nouveau paradigme de la théorie des jeux sont variés, mais l'un des plus notables est qu'il permet de représenter les *stratégies* des agents économiques et plus précisément, dans le cas de marchés difficiles à comprendre comme les oligopoles, de mettre en évidence le problème des interactions stratégiques.

Les interactions stratégiques consistent dans le fait que la stratégie de chaque agent se définit en fonction de ce qu'il croit être (ou pouvoir être) les stratégies de ses concurrents, et aussi en fonction de la manière dont il croit, en définissant sa stratégie, pouvoir influencer la stratégie ou les actions de ses concurrents. Ces deux propriétés engendrent un très haut niveau de complexité.

Si Cournot a donné du problème de l'oligopole une solution qu'on peut effectivement considérer comme une première formulation d'un équilibre de Nash, il n'en découle cependant pas qu'on puisse dire, comme on le fait trop souvent, qu'il a vu ou pressenti la question des interactions stratégiques ; bien au contraire, son hypothèse de *demande résiduelle*, qu'il considère lui-même plus comme une évidence qu'en tant qu'hypothèse, est simplement la négation de toute interaction stratégique. Ce n'est qu'en percevant l'excessive simplification qu'impose cette hypothèse, en niant l'approche de Cournot, que ses successeurs ont peu à peu développé cette idée des interactions. Si Cournot est à l'origine de ce paradigme, c'est uniquement parce que les insuffisances de son modèle concurrentiel ont suggéré à ses successeurs l'importance qu'il fallait accorder aux interactions. Le renouveau d'intérêt dont la pensée économique de Cournot a bénéficié auprès des économistes professionnels depuis les années 1950 est donc ambigu ; il est largement mérité, mais probablement pour d'autres raisons que celles qu'on perçoit le plus souvent.

Le cas de Cournot, comme inventeur dans le champ de l'économie, est réellement particulier, sinon unique. Manifestement trop en avance sur son temps, Cournot ne trouve guère d'interlocuteurs ; les ingénieurs-économistes pour qui il écrit et qui pourraient le comprendre n'ont pas réellement besoin de son approche trop abstraite et généralisante ; les autres préfèrent l'ignorer, ne pouvant pas le comprendre.

Il faudra attendre les Walras, Jevons, Marshall, Pareto ou Ivring Fisher (seul Walras a effectivement été en contact avec lui) pour que Cournot ait de vrais lecteurs et continuateurs – mais ils ne seront pas des interlocuteurs. Au XXe siècle il faut attendre le triomphe de la théorie des jeux pour que la théorie des marchés de Cournot soit prise au sérieux, non sans les ambiguïtés que crée inévitablement une telle distance temporelle.

L'épistémologie probabiliste de Cournot

THIERRY MARTIN[1]

L'œuvre de Cournot s'offre tout d'abord au lecteur dans une grande hétérogénéité. Si les *Recherches* (1838) appartiennent au champ de l'économie, ce qui est à nouveau le cas des *Principes* (1863) et de la *Revue sommaire* (1877), les publications de Cournot sont d'abord celles d'un mathématicien. En témoignent ses traités de calcul infinitésimal (1841) et de calcul des probabilités (1843), comme l'ouvrage de 1847, *De l'origine et des limites de la correspondance entre l'algèbre et la géométrie*, et les nombreux articles et comptes rendus scientifiques qu'il publie de 1825 à 1831[2]. L'œuvre de Cournot est également celle d'un philosophe, soucieux de soumettre à l'investigation critique l'ensemble du savoir scientifique de son temps, perspective qui se déploie dans l'*Essai* (1851) et le *Traité* (1861), à laquelle les *Considérations* (1872) adjoignent une dimension historique et que résume *Matérialisme* en 1875. Enfin, il faut noter que le recteur de l'académie de Dijon manifeste un intérêt soutenu pour les questions pédagogiques, qui s'exprime dans les *Institutions* (1864), même si cet aspect de son œuvre est ici étranger à nos préoccupations.

---

1. Laboratoire Logiques de l'agir (Université de Franche-Comté) et IHPST ; thierry.martin@univ-fcomte.fr

2. Ils sont détaillés dans Martin, 2005, et seront publiés au tome XI des *Œuvres complètes*, édité par Bernard Bru et Thierry Martin, à paraître aux éditions Vrin.

L'hétérogénéité de l'œuvre pose une double question : celle de l'unité et de la cohérence interne. Il ne s'agit pas ici de traiter pour elle-même et dans l'ensemble de ses développements cette question qui intéresse plus particulièrement l'historien de la pensée, spécialiste du XIXe siècle. Les textes mathématiques de Cournot ne paraissent pas séparables cependant de son projet philosophique. Même lorsque ses préoccupations sont manifestement d'ordre mathématique, elles s'accompagnent constamment d'une réflexion de nature épistémologique sur la signification et la portée des concepts mathématiques, sur l'unité du champ mathématique, ses fondements et ses relations aux autres domaines du savoir. Cette réflexion épistémologique a principalement pour objet de mettre à jour l'ordre et l'enchaînement des idées, qu'ils soient logiques ou historiques. En ce sens, les travaux mathématiques de Cournot d'une part, sa réflexion philosophique et ses analyses historiques de l'autre, sont étroitement solidaires.

Cette orientation n'est pas propre à la philosophic des mathématiques, elle engage, selon Cournot, la question centrale qui anime la philosophie dans son application aux diverses sciences. En effet, si le savant ne peut se proposer d'atteindre la nature intime des choses, abandonnée aux spéculations du métaphysicien, il s'efforce d'identifier et de déterminer les relations qu'entretiennent les phénomènes entre eux, et qui rendent compte des effets que produisent leurs rapports. Toute la difficulté est alors de savoir si l'ordre et les connexions rationnelles aperçus par le savant correspondent à l'enchaînement effectif des phénomènes eux-mêmes. « L'esprit humain, écrit Cournot dans *Matérialisme* (1875, section IV, § 7, p. 199[1]), ressemble-t-il au miroir plan ou au miroir cylindrique ? Est-il constitué de manière à saisir les rapports des choses tels qu'ils sont, sans les altérer essentiellement[2] ? » La

1. Toutes les références aux pages des ouvrages de Cournot sont données dans l'édition des *Œuvres complètes* publiées aux éditions Vrin sous la direction d'André Robinet.

2. Pour une analyse plus détaillée de cette formule, on peut consulter Claire Salomon-Bayet (1978), qui en étudie l'application à la philosophie biologique de Cournot.

démarche mise en œuvre par Cournot pour étudier cette question consistera non pas à remonter, à la manière kantienne, vers la source de la connaissance, pour rechercher, dans les pouvoirs du sujet connaissant, les conditions de possibilité a priori de toute connaissance, mais, héritant sur ce point d'Auguste Comte [1], à descendre vers ses produits en considérant, dans leur constitution interne comme dans leur histoire, les résultats de l'activité diversifiée des savants. Et sa réponse sera de nature probabiliste. Il s'agira d'estimer la probabilité pour que les rapports par lesquels les phénomènes nous deviennent intelligibles ne soient pas de pures constructions artificielles, mais correspondent aux relations phénoménales effectives. Tel est l'objet de ce que l'on appellerait aujourd'hui l'épistémologie de Cournot, et qu'il désigne pour sa part comme « la critique philosophique qui sonde les fondements de la connaissance, qui juge de la valeur représentative de nos idées, qui fait la part de la constitution du monde extérieur et la part de la configuration du miroir qui le réfléchit » (1872, liv. II, ch. 1, p. 101). Les probabilités occupent donc ici une situation singulière, dans la mesure où, comme discipline mathématique, le calcul des probabilités forme l'un des objets sur lesquels porte la réflexion épistémologique, et, simultanément, l'épistémologie cournotienne est dominée par une perspective probabiliste.

En conséquence, la question que nous souhaitons soulever ici consiste à se demander en quoi l'épistémologie probabiliste de Cournot peut, encore aujourd'hui, nous instruire et nous aider à réfléchir. S'il ne s'agit donc pas d'une question seulement historique, elle exige cependant que soit restituée la pensée probabiliste de Cournot, qui n'est pas nécessairement familière à l'économiste, davantage informé de son analyse du monopole et de l'équilibre du marché. Nous nous proposons donc de présenter, non pas le détail, mais les principes directeurs de l'épistémologie probabiliste de Cournot et d'envisager son éventuelle relation à sa pensée économique, ce qui est une

1. A. Comte, *Cours de philosophie positive*, 1830-1842, 1re leçon ; 1975, t. I, p. 32.

manière d'éclairer la question initiale de la cohérence interne de sa pensée.

La dualité du concept de probabilité

L'intérêt persistant de la pensée probabiliste de Cournot tient au caractère réflexif et épistémologique de l'analyse qu'il déploie au sujet de la théorie des probabilités et de son applicabilité, dans la mesure où, ici plus qu'ailleurs, la question de la relation de la théorie au réel se pose de manière problématique, non seulement parce que la probabilité n'est pas un observable, mais aussi parce que la réponse à cette question ne peut elle-même être que probable (cf. Borel 1939, p. 5). Cette réflexion porte sur la signification qu'il convient de reconnaître au concept de probabilité et aux résultats qu'engendre le calcul. La question se pose, en effet, de savoir si la probabilité s'applique aux événements eux-mêmes ou aux jugements que nous formons à leur sujet, question qui surgit dès les premières constructions de la théorie[1], et que laisse ouverte la théorie axiomatique de Kolmogorov, c'est-à-dire la forme standard aujourd'hui du calcul des probabilités.

Cependant, il ne s'agit pas seulement d'identifier la signification qu'il convient d'attribuer aux applications du calcul des probabilités, mais déjà de savoir si cette application elle-même est possible. Si la question peut aujourd'hui surprendre, tant sont fréquents et variés les recours au calcul des probabilités dans les différentes disciplines scientifiques, elle est posée de manière radicale par d'Alembert (1767) qui, distinguant ce qui vaut mathématiquement et ce qui vaut physiquement, reconnaît la rigueur de la théorie mathématique, mais en conteste l'applicabilité, et elle fait à nouveau l'objet de vives discus-

1. Elle est impliquée par la démarche de Jacques Bernoulli qui, dans l'*Ars conjectandi* (Bernoulli, 1713), définit la probabilité comme un degré de certitude mais s'efforce simultanément de lui conférer une signification objective par le théorème qui porte son nom.

sions au début du XIXe siècle parmi les mathématiciens et les philosophes.

C'est pourquoi, ayant exposé les éléments de la théorie des probabilités, Cournot ajoute aussitôt qu'il convient de se demander si « cette théorie n'est qu'un jeu d'esprit, une spéculation curieuse, ou si elle a au contraire pour objet des lois très importantes et très générales, qui régissent le monde réel » (1843, § 38).

La formule est séduisante, mais elle recouvre en réalité deux questions distinctes, celle de l'applicabilité de la théorie, et, dans l'hypothèse d'une réponse positive, celle de la signification de ses applications. Il s'agira pour Cournot de traiter simultanément ces deux questions, en montrant à quelles conditions le concept de probabilité peut mesurer une réalité phénoménale, par conséquent à quelles conditions la théorie des probabilités reçoit, comme il le dit, une « valeur objective » (Cournot 1851, § 37). Et la question doit être posée au niveau des principes, afin de fonder, et mettre par là hors de doute, la prétention légitime de la théorie à bénéficier du statut de science positive[1].

Dans les termes qui sont ceux de Cournot, la question sera donc de savoir si la théorie des probabilités peut recevoir une signification objective ou si elle doit s'en tenir à une interprétation subjective[2]. En ce sens, Cournot inaugure une réflexion

1. Les sciences mathématiques sont à la fois pures et positives, dans la mesure où elles portent « sur des vérités rigoureuses que la raison est capable de découvrir sans le secours de l'expérience, et qui néanmoins peuvent toujours se confirmer par l'expérience, dans les limites d'approximation que l'expérience comporte » (1847, § 140, p. 355, et 1851, § 328, p. 385).

2. « C'est (...) à la langue des métaphysiciens, reconnaît Cournot, que j'ai emprunté sans scrupule les deux épithètes d'objective et de subjective, qui m'étaient nécessaires pour distinguer radicalement les deux acceptions du terme de probabilité, auxquelles s'appliquent les combinaisons du calcul » (1843, Préface, p. 5). On peut souhaiter, avec Norbert Meusnier et Michel Armatte notamment, substituer à ces termes aux significations multiples, et donc sources de possibles confusions, ceux de probabilité ontique et de probabilité épistémique. Je m'en tiendrai cependant ici aux termes qui sont ceux de Cournot lui-même, quitte à en préciser la signification exacte lorsque le besoin s'en fait sentir.

qui, suggérée par le travail de Bernoulli et esquissée chez d'Alembert, se prolonge jusqu'à nos jours, et sera au cœur du débat qui, dans la première moitié du XXe siècle, anime mathématiciens et philosophes sur l'interprétation des probabilités.

L'enjeu de la question est décisif, car elle engage à la fois une représentation du réel et une représentation de la connaissance rationnelle. D'une part, en effet, poser que la probabilité reçoit une signification objective, c'est admettre l'existence effective de phénomènes aléatoires, et c'est donc s'opposer au postulat d'un déterminisme intégral, affirmant la solidarité complète de l'ensemble des phénomènes soumis à un système unitaire de lois[1]. De l'autre, selon la signification reconnue aux résultats du calcul, la connaissance rationnelle sera considérée soit comme apte à rendre compte adéquatement du réel, soit seulement comme l'instrument permettant d'élaborer la représentation que nous nous formons à son sujet.

La pensée de Cournot est ici féconde à double titre : elle l'est philosophiquement, en raison de la cohérence et du raffinement de la réponse qu'il s'efforce de donner à la question précédente, elle l'est historiquement, dans la mesure où Cournot est l'un des premiers à affronter explicitement et pour elle-même cette question. D'un point de vue historique, il s'agit pour Cournot de répondre aux attaques dirigées contre la légitimité de la théorie des probabilités et contre son applicabilité, critiques dont la plus vive, mais non la seule au XIXe siècle, est

1. À Laplace (1814 ; 1986, pp. 32-33) affirmant qu'une « intelligence qui pour un instant donné connaîtrait toutes les forces dont la nature est animée et la situation respective des êtres qui la composent, si d'ailleurs elle était assez vaste pour soumettre ces données à l'analyse, embrasserait dans la même formule les mouvements des plus grands corps de l'univers et ceux du plus léger atome », si bien que le calcul des probabilités constitue « le supplément le plus heureux à l'ignorance et à la faiblesse de l'esprit humain » (*ibid.*, p. 206), Cournot répond que le hasard subsisterait pour cette intelligence fictive, dont la prérogative ne serait pas d'être débarrassée du calcul mais de l'appliquer sans faille (Cournot, 1843, § 45) ; il suffit pour cela qu'on admette une indépendance relative entre les phénomènes et les lois qui les régissent.

celle d'Auguste Comte, dénonçant la probabilité numérique comme une notion « directement irrationnelle et même sophistique », reposant, ajoutait-il, sur une conception philosophique « radicalement fausse »[1]. Il s'agit donc pour Cournot de sauver la scientificité du calcul des probabilités et son applicabilité, notamment au domaine social, contre ses détracteurs, qu'ils soient philosophes, comme Bordas-Desmoulin[2] ou Royer-Collard, ou mathématiciens comme Poinsot[3], et, ainsi qu'on l'a indiqué plus haut, de le fonder rationnellement[4].

L'originalité de Cournot est de refuser l'alternative entre une interprétation objective et une interprétation subjective de la probabilité, pour reconnaître le « double sens » dont est susceptible le concept de probabilité mathématique, « qui tantôt se rapporte à une certaine mesure de nos connaissances, et tantôt

1. A. Comte, *op. cit.*, 27e leçon (1975, t. I, p. 435). Auguste Comte renouvelle sa critique en l'appliquant aux phénomènes sociaux à la 49e leçon (1975, t. I, pp. 168-169) : « Serait-il possible d'imaginer une conception plus radicalement irrationnelle que celle qui consiste à donner pour base philosophique, ou pour principal moyen d'élaboration finale, à l'ensemble de la science sociale, une prétendue théorie mathématique, où, prenant habituellement des signes pour des idées, suivant le caractère usuel des spéculations purement métaphysiques, on s'efforce d'assujettir au calcul la notion nécessairement sophistique de la probabilité numérique, qui conduit directement à donner notre ignorance réelle pour la mesure naturelle du degré de vraisemblance de nos diverses opinions ? »

2. Vouloir appliquer le calcul des probabilités aux phénomènes naturels et sociaux « conduit toujours à des résultats faux, ou illusoires », écrit J.-B. Bordas-Desmoulin. Ce projet, poursuit-il, « est une des plus grandes extravagances qui soient tombées dans l'esprit humain » (Bordas-Desmoulin, 1843, t. II, p. 419).

3. L'application du calcul des probabilités au domaine social est à ses yeux « une sorte d'aberration de l'esprit, une fausse application de la science et qui ne serait propre qu'à la discréditer » (Poinsot, 1836, p. 399).

4. Une telle entreprise permet de désolidariser la théorie des probabilités d'une philosophie sensualiste avec laquelle certains, Lacroix notamment (Lacroix, 1816), avaient cru devoir la lier nécessairement. Assurer l'autonomie de la théorie des probabilités à l'égard de telle ou telle orientation philosophique particulière, et notamment à l'égard du sensualisme, est déjà le projet qui anime Cournot dans son premier article probabiliste (Cournot, 1828).

à une mesure de la possibilité des choses, indépendamment de la connaissance que nous en avons » (1843, Préface, p. 4) ; orientation qui sera à nouveau mobilisée au XXe siècle, mais indépendamment de Cournot, par Rudolph Carnap (cf. Carnap 1945 et Carnap 1950). Il ne s'agit pas, pour Cournot, d'opter pour telle ou telle représentation, mais d'assigner les conditions et les limites d'applicabilité du calcul, donc de distinguer les situations qui permettent à la probabilité de recevoir une signification objective et celles où elle ne peut valoir que subjectivement.

Il convient de remarquer qu'attribuer à la probabilité une signification subjective ne conduit pas Cournot à la définir comme un « degré de confiance », ainsi que le feront ultérieurement les partisans d'une interprétation dite « subjectiviste », tels Bruno de Finetti ou Frank Ramsey. Parler d'une signification subjective du concept de probabilité, ce n'est pas pour lui la penser comme une donnée psychologique, mais seulement la concevoir comme l'expression d'un défaut de connaissance : quoique la réalisation d'un événement futur soit rigoureusement déterminée, je dois me contenter d'en estimer la probabilité dès lors que je ne bénéficie pas de la connaissance de l'ensemble des causes et conditions qui président à cette réalisation. Que la probabilité puisse ainsi résulter d'un défaut de connaissance ne fait pas difficulté ; c'est là une représentation qui parcourt tout le XVIIIe siècle[1], et domine ce qu'on a parfois appelé « l'interprétation classique » (Daston 1988) du calcul des probabilités, qui court de Pascal à Poisson et Cournot, et le pense comme instrument apte à guider l'action des hommes raisonnables confrontés à des situations d'incertitude.

En revanche, il est beaucoup plus délicat d'établir que la probabilité puisse mesurer effectivement la possibilité de réalisation d'un événement, ou, dit Cournot, sa « chance ». Or c'est justement ce point qui peut permettre de montrer que la proba-

---

1. Cf. par exemple Bernoulli (1713, IVe partie, ch. 1 ; 1987, pp. 14-16), ou Laplace (1814 ; 1986, p. 34).

bilité n'est pas seulement une représentation du sujet, variable en fonction de son degré de connaissance, mais la mesure d'une réalité effective. Pour réaliser cet objectif, l'analyse de Cournot met en place une double distinction ; celle de la probabilité mathématique et de la probabilité philosophique d'une part, celle des significations, objective et subjective, de la probabilité mathématique de l'autre.

Probabilité mathématique et probabilité philosophique

La probabilité mathématique est conçue classiquement par Cournot dans le prolongement de la combinatoire, la probabilité se définissant comme rapport du nombre de cas favorables au nombre des cas possibles, ou, dans le cadre des probabilités continues, comme « rapport de l'étendue des chances favorables à un événement à l'étendue totale des chances » (1843, § 18)[1]. La probabilité mathématique est ainsi susceptible d'une mesure numérique exacte et d'un traitement opératoire.

Elle se distingue par là des probabilités dites philosophiques, qui caractérisent l'ensemble des jugements non susceptibles d'une démonstration en forme, principalement ceux par lesquels nous nous efforçons de rendre compte du réel à l'aide d'hypothèses explicatives. Celles-ci sont étayées par des inductions et des analogies, dont la force probante peut être suffisamment élevée pour pouvoir s'imposer au jugement rationnel, sans pour autant pouvoir produire une certitude absolue. Or, de cette force probante, il n'est pas possible de mesurer précisément l'intensité. En effet, on dispose bien de critères permettant de soutenir l'affirmation de la conformité de telle ou telle représentation avec le phénomène qu'elle décrit, mais qui ne sont pas susceptibles de recevoir une expression numérique.

1. Il s'agit là, selon l'historien Oscar B. Sheynin (1976, p. 153), de la première définition *explicite* de la probabilité géométrique.

Ces critères sont essentiellement : 1. le pouvoir dont jouit l'hypothèse considérée de mettre en évidence l'ordre d'enchaînement et d'engendrement des phénomènes, 2. la simplicité de l'hypothèse et 3. sa fécondité explicative.

Cependant, le fait qu'une hypothèse permette la mise en ordre d'un ensemble de phénomènes, s'il en révèle l'intérêt théorique, ne suffit pas à en assurer la validité explicative, encore moins la correspondance avec le réel. Pire ! loin de fournir une réponse à la question, il la suscite. En effet, il est possible de concevoir les relations d'enchaînement et de dépendance des phénomènes entre eux, selon des principes d'organisation différents. La nécessité d'une disposition ordonnée de nos connaissances permettant de mettre en évidence les relations qui s'établissent entre nos représentations tient déjà à la solidarité qui unit la pensée et le langage, à la fois dans l'exposition et dans la construction de nos connaissances. Or, et c'est là un point sur lequel Cournot insiste particulièrement (1851, ch. XIV), mais dans une perspective différente de celle qui guidera plus tard Bergson, le langage articulé se caractérise par deux propriétés fondamentales, sa linéarité et sa discontinuité, lesquelles exigent que l'on procède à une mise en ordre de nos idées afin d'assurer à leur organisation clarté et intelligibilité, et de restituer à la pensée sa continuité et aux relations entre les idées l'orientation multidirectionnelle qui en fait la richesse. Il s'agit là de ce que Cournot appelle l'*ordre logique*, assujetti aux contraintes qu'impose le langage et répondant à une exigence pédagogique. Il est fort possible que l'organisation de la connaissance ainsi constituée ne corresponde pas aux relations effectives qui se tissent entre les phénomènes et en déterminent les propriétés. Autrement dit, connaître ce n'est pas seulement disposer nos représentations des phénomènes conformément à tel ou tel principe classificateur, choisi en fonction de sa simplicité et de sa fécondité, c'est aussi, et surtout, mettre au jour les relations de dépendance et de subordination qu'entretiennent les idées entre elles à raison de leur contenu, qu'entretiennent les phénomènes entre eux à raison de leurs propriétés naturelles. Il convient donc de distinguer des idées fondamentales et des idées subordonnées, c'est-à-dire dont on rend raison en montrant comment elles dépendent des premières. Et de même, on doit distinguer dans l'ordre phénoménal ce qui est déterminant et ce qui est déterminé. À côté de l'ordre logique, il faut donc s'efforcer d'accéder à ce que Cournot appelle l'*ordre rationnel*, à savoir celui grâce auquel on rend raison de ces relations de dépendance entre les idées, et conjointement entre les phénomènes, qui permettent d'en penser l'engendrement. Toute la difficulté est alors de pouvoir identifier cet *ordre rationnel* qui organise les relations phénoménales. C'est la tâche à laquelle doit justement répondre l'épistémologie probabiliste, autrement dit la « critique philosophique », tâche que décrit clairement Cournot, dans le champ de la connaissance mathématique, en définissant le but de la philosophie des mathématiques. Celle-ci, écrit-il (1847, § 146, pp. 366-367 ; 1851, § 329, p. 389), consiste « essentiellement à discerner l'ordre et la dépendance rationnelle de tant de vérités abstraites que la sagacité des inventeurs a successivement et laborieusement découvertes, souvent par des voies si détournées ; à préférer tel enchaînement de propositions à tel autre (aussi irréprochable logiquement, ou quelquefois même logiquement plus commode), parce qu'il satisfait mieux à la condition de faire ressortir cet ordre et ces connexions, tels qu'ils résultent de la nature des choses, indépendamment des moyens que nous avons de connaître et de démontrer la vérité[1] ». S'agissant de la connaissance phénoménale, la simplicité de l'hypothèse explicative et sa fécondité a posteriori serviront à estimer la probabilité pour que la construction théorique édifiée pour rendre compte d'un ensemble de phénomènes corresponde à l'ordre rationnel.

Cependant, la simplicité de l'hypothèse n'a qu'une valeur indicative : elle ne peut prouver de manière catégorique la conformité

1. Afin d'illustrer cette distinction entre l'ordre logique et l'ordre rationnel, Cournot montre qu'on peut, conformément à un ordre logique, déduire le théorème de Thalès de celui de Pythagore, mais que l'ordre rationnel exige que l'on procède à l'inverse, car le théorème de Thalès contient la raison du théorème de Pythagore (1847, §§ 73 à 78).

de l'hypothèse au réel, non seulement parce qu'elle est parfois prise en défaut[1], mais aussi parce que l'hypothèse selon laquelle le phénomène obéit à une loi susceptible d'une formulation simple est elle-même seulement probable. Et surtout la simplicité d'une hypothèse est susceptible de recevoir plusieurs significations différentes. La simplicité de l'explication théorique ne se confond pas avec la simplicité de la formule mathématique qui exprime ce principe explicatif. Et cette simplicité de la formule mathématique peut elle-même être diversement caractérisée : est-ce le nombre de coefficients intervenant dans la formule ou leurs degrés qui doit permettre d'évaluer la simplicité de l'hypothèse ? C'est pourquoi, la simplicité de l'hypothèse ne possède pas une fonction décisoire mais indicative, et intervient en fait de manière négative. Ainsi, rappelant qu'il est toujours possible de construire une loi mathématique permettant de relier entre elles plusieurs valeurs numériques données, et même, Leibniz l'avait déjà montré, qu'il en existe une infinité, Cournot précise non pas que la possibilité d'élaborer une loi simple suffit à l'admettre comme expressive de la relation phénoménale qu'elle permet de décrire, mais que, si « la loi mathématique à laquelle il faut recourir pour lier entre eux les nombres observés était d'une expression de plus en plus compliquée, il deviendrait de moins en moins probable, en l'absence de tout autre indice, que la succession de ces nombres n'est pas l'effet du hasard » (1851, § 40, p. 47)[2], sans qu'il soit pourtant possible de donner une formulation numérique de cette diminution de probabilité, et partant de la simplicité relative de la loi.

De même, la probabilité de l'hypothèse se trouve renforcée du fait qu'elle permet de rendre compte de phénomènes pour

---

1. « Il ne suffit pas qu'une hypothèse ait plus de simplicité : car, combien de fois ne surprenons-nous pas la nature à suivre une marche qui ne nous paraît pas la plus simple de toutes ! » écrit Cournot (1872, liv. II, ch. 1, p. 100).

2. Cournot reprendra cette idée dans les *Considérations*, en indiquant à la suite du texte cité à la note précédente qu'une hypothèse n'est recevable que dans la mesure où le perfectionnement de l'observation et des calculs « amène dans l'hypothèse contraire des complications croissantes, au point de montrer clairement qu'elle nous met hors de la bonne voie » (1872, p. 100).

lesquels elle n'avait pas été d'abord imaginée, voire de phénomènes qui étaient ignorés lors de sa formulation. L'hypothèse voit sa probabilité croître de manière significative si, outre sa simplicité, « les faits acquis à l'observation postérieurement à la construction de l'hypothèse sont reliés par elle aussi bien que les faits qui ont servi à la construire, si surtout des faits prévus comme conséquence de l'hypothèse reçoivent des observations postérieures une confirmation éclatante » (1851, § 45, p. 53). Il n'est pas davantage possible d'évaluer numériquement le degré de probabilité que cette confirmation ultérieure vient octroyer à l'hypothèse.

En conséquence, la probabilité philosophique sera à la fois qualitative et subjective. La probabilité mathématique s'en distinguera en ce qu'elle est à la fois quantitative, et susceptible, sous certaines conditions, d'une signification objective.

La valeur objective du concept de probabilité mathématique

Pour poser que le concept de probabilité mathématique est susceptible de recevoir une signification objective, Cournot établit la possibilité d'une correspondance entre le plan du concept et celui des phénomènes, en montrant : 1. que le hasard, contrairement à une représentation traditionnelle[1], ne se réduit

1. Par exemple Voltaire (1764) : « Ce que nous appelons *hasard* n'est et ne peut être que la cause ignorée d'un effet connu » ; d'Holbach (1770 ; 1990, p. 98) : « Nous attribuons au hasard tous les effets dont nous ne voyons point la liaison avec leurs causes. Ainsi, nous nous servons du mot *hasard*, pour couvrir notre ignorance de la cause naturelle qui produit les effets que nous voyons, par des moyens dont nous n'avons point d'idées, ou qui agit d'une manière dans laquelle nous ne voyons point d'ordre ou de système suivi d'actions semblables aux nôtres » ; ou encore Laplace (1776) : « Nous regardons une chose comme l'effet du hasard, lorsqu'elle n'offre à nos yeux rien de singulier, ou qui annonce un dessein, et que nous ignorons d'ailleurs les causes qui l'ont produite. Le hasard n'a donc aucune réalité en lui-même : ce n'est qu'un terme propre à désigner notre ignorance sur la manière dont les différentes parties d'un phénomène se coordonnent entre elles et avec le reste de la Nature. »

pas à une illusion subjective, résultant de notre ignorance des causes des phénomènes, mais correspond à une situation réelle. Autrement dit, il développe une conception objectiviste du hasard, posant l'existence d'événements aléatoires – « fortuits », dit Cournot –, et dont la possibilité d'existence peut alors être mesurée par l'instrument probabiliste, 2. et réciproquement, que le concept de probabilité mathématique peut, à certaines conditions, être apte à mesurer la possibilité physique des événements fortuits, ce qu'établit le principe de l'impossibilité physique. Ce sont ces deux points que nous nous proposons de présenter ici rapidement, en nous permettant de renvoyer le lecteur souhaitant de plus amples explications à notre ouvrage de 1996 qui les développe davantage.

A. La réalité objective du hasard

Cournot définit le hasard comme rencontre accidentelle entre séries causales indépendantes : « Les événements amenés par la combinaison ou la rencontre d'autres événements qui appartiennent à des séries indépendantes les unes des autres, sont ce qu'on nomme des événements *fortuits*, ou des résultats du *hasard* » (1851, § 30, p. 34)[1].

Cette représentation a donné lieu à de nombreux contresens, dans la mesure où elle a été interprétée de manière naïve. Pour ne pas déformer la pensée de Cournot, il convient d'être attentif aux points suivants :

1. La distribution des relations causales en séries linéaires n'a pas de signification réaliste ; elle n'est, pour Cournot, qu'une représentation commode destinée à faciliter l'exposition de sa pensée. Il décrit, en effet, ces séries linéaires comme des « faisceaux de lignes concurrentes par lesquels l'*imagination se représente*[2] les liens qui enchaînent les phénomènes » (1851, § 29, p. 34).

1. Le *Traité* définira plus justement le hasard comme « rencontre entre des faits rationnellement indépendants les uns des autres » (1861, § 59, p. 62).

2. Souligné par nous.

2. L'indépendance des causes de l'événement, qui est la source de sa fortuité, a pour fonction d'assurer la variabilité d'une série étant donné l'autre. Il n'est pas question pour Cournot d'imaginer une indépendance absolue, telle que les séries de phénomènes n'entretiendraient entre elles aucune relation, si ténue soit-elle. Dès lors que les séries causales se croisent, elles sont en relation, ne serait-ce que spatiale et temporelle. L'indépendance des séries est assurée, pour Cournot, dès lors que les événements appartenant à l'une d'elles, ou les propriétés qui les définissent, ne sont pas le produit des événements appartenant à une autre, ou à leurs propriétés. Il y a indépendance entre séries causales, dès lors qu'on ne peut rendre raison de la coïncidence des propriétés définissant un événement, à partir d'un ensemble de causes liées entre elles de manière nécessaire, et qu'on est donc contraint, pour en rendre compte, de distinguer des causes d'origines diverses. Cournot en donne un exemple historique frappant : la mort simultanée, le 14 juin 1800, des deux généraux Kléber et Desaix, dans des circonstances étrangères les unes aux autres : « Lorsque ces deux nobles frères d'armes, Desaix et Kléber, écrit-il, tombaient le même jour, presque au même instant, l'un sur le champ de bataille de Marengo, l'autre au Caire, sous le fer d'un fanatique, il n'y avait certainement pas de liaison entre les manœuvres des armées dans les plaines du Piémont et les causes qui, ce jour-là même, sollicitaient l'assassin à tenter son entreprise, ni entre ces diverses causes et les circonstances des campagnes faites auparavant sur les bords du Rhin, lesquelles avaient valu aux noms de Kléber et de Desaix l'honneur d'être associés dans la pensée de tous ceux qui s'intéressaient à la gloire de nos armes » (1851, § 31, p. 36). Sans doute l'exemple est-il anecdotique, mais il met l'accent sur l'élément capital de la doctrine de Cournot. Le hasard ne résulte pas d'une absence de cause, ce qui serait une absurdité, mais de l'absence de solidarité entre les causes concourant à la production d'un événement. L'événement fortuit est donc causé, mais non nécessaire ; il n'est pas possible de rendre compte intégralement de sa réalisation par l'invocation d'une loi qui en épuiserait le contenu.

C'est dire qu'on ne peut rendre compte de l'événement sans prendre également en considération des éléments irréductibles au système des lois régissant les phénomènes, les données initiales que l'on constate mais que l'on ne peut déduire. Dans la langue de Cournot, cette complémentarité entre la nécessité légale et la donnée d'observation s'exprime par la distinction entre la loi et le fait, entre la connaissance théorique et la connaissance historique, deux modalités distinctes, mais complémentaires de la connaissance scientifique.

Cournot illustre cette relation entre les notions de hasard et de connaissance théorique, au § 304 de l'*Essai,* par un exemple emprunté au champ des phénomènes naturels, celui du passage d'une comète traversant un système planétaire et y introduisant une perturbation accidentelle. Un tel système, en y incluant les retours périodiques de comètes dont témoignent les observations astronomiques, respecte pleinement le postulat du déterminisme, en ce sens qu'il est toujours possible de calculer l'ensemble des actions réciproques qu'exercent les uns sur les autres les différents corps qui le composent ; et il est donc possible de déterminer la position de telle planète à tel moment, passé ou futur, que l'on considère. Cournot ajoute cependant : « L'exactitude des applications que nous pourrons faire de la théorie aux phénomènes à venir sera subordonnée à l'hypothèse qu'un événement imprévu (tel que le passage d'une comète encore inconnue) ne viendra pas troubler l'état du système. » Certes, « si nous connaissions parfaitement l'état présent de l'univers entier, et non plus seulement celui des corps qui composent notre système planétaire, nous serions à même de prédire théoriquement une pareille rencontre, ou d'affirmer qu'elle n'aura pas lieu ; mais (...) on serait encore fondé à considérer le système planétaire comme formant dans l'univers un système à part, qui a sa propre théorie ; et l'on ne devrait pas confondre les événements dont la série est déterminée par les lois et par la constitution propre du système, avec les perturbations accidentelles, adventices, dont la cause est en dehors de ce système. Ce sont ces influences externes, irrégulières et fortuites, qu'il faut considérer comme entrant dans la connaissance à titre de données historiques, par opposition avec ce qui est pour nous le résultat régulier des lois permanentes et de la constitution du système » (1851, § 304, p. 360).

Cette représentation engendre plusieurs conséquences majeures :

1. Déjà, on vient de l'apercevoir, l'affirmation de la réalité objective des situations de fortuité a pour conséquence la compatibilité du hasard et du déterminisme. Il faut alors penser non pas seulement des îlots de fortuité venant en quelque sorte trouer le déterminisme, mais plutôt des degrés de fortuité, et par conséquent des modes variés de solidarité entre les phénomènes. Ainsi, écrit Cournot (1851, § 67, p. 81), « les phénomènes naturels enchaînés les uns aux autres, forment un réseau dont toutes les parties adhèrent entre elles, mais non de la même manière, ni au même degré ». En conséquence, contre l'affirmation laplacienne d'un déterminisme universel et intégral, qui laisserait espérer un triomphe absolu de la mécanique, il faut envisager une pluralité des modes d'explication des phénomènes et la complexité de leurs relations.

2. La fortuité d'un événement n'implique pas son imprévisibilité. La connaissance précise des causes d'un événement et des paramètres qui interviennent dans sa réalisation en rend possible la prévision, mais ne supprime pas sa fortuité, dès lors que ces causes et paramètres ne sont pas nécessairement liés dans une relation de dépendance réciproque. L'applicabilité du calcul des probabilités s'en trouve ainsi, au moins dans son principe, justifiée.

3. Elle n'implique pas davantage sa rareté. Les situations de fortuité ne sont en rien exceptionnelles. Généralement, nous ne prêtons toutefois attention aux faits de hasard que s'ils présentent, pour nous, un caractère singulier et remarquable. L'histoire a retenu la coïncidence de la mort de Desaix et Kléber, et oublié tous ceux qui, anonymement, sont morts tragiquement le même jour. Et cette banalité des situations de fortuité vaut pour l'ensemble des champs du réel, qu'ils soient naturels ou humains. C'est pourquoi, Cournot, en même temps qu'il signale les limites de l'explication mécanique des phénomènes, met en regard

l'extension maximale dont bénéficie, à ses yeux, le calcul des probabilités : « Les actes des êtres vivants, intelligents et moraux ne s'expliquent nullement, dans l'état de nos connaissances, et nous pouvons hardiment prononcer qu'ils ne s'expliqueront jamais par la mécanique des géomètres. Ils ne tombent donc point, par le côté géométrique ou mécanique, dans le domaine des nombres ; mais ils s'y retrouvent placés, en tant que les notions de combinaison et de chance, de cause et de hasard, sont supérieures dans l'ordre des abstractions à la géométrie et à la mécanique, et s'appliquent aux faits de la nature vivante, à ceux du monde intellectuel et du monde moral, comme aux phénomènes produits par les mouvements de la matière inerte » (1843, § 45, p. 61).

B. Le principe de l'impossibilité physique

La théorie cournotienne du hasard est secondée par l'appel au concept d'événement physiquement impossible. Il s'agit par exemple de l'équilibre d'un cône pesant sur sa pointe ou de l'application à une sphère d'une force passant exactement par son centre de telle sorte qu'aucun mouvement de rotation n'accompagne sa translation. De tels événements se caractérisent par le fait, non pas que leurs conditions de production étant très difficilement réunies, leurs probabilités de réalisation seront très faibles, mais plus radicalement qu'ils ne disposent que d'une chance favorable de se réaliser contre une infinité de chances contraires. Cette disproportion a pour conséquence, selon Cournot, qu'un tel événement ne peut se réaliser en un nombre fini d'épreuves, donc dans les conditions de l'expérience. Inversement, on pourra poser comme physiquement certain l'événement dont le contraire est physiquement impossible, c'est-à-dire « l'événement dont la probabilité mathématique ne diffère de l'unité par aucune fraction assignable, si petite qu'on la suppose : événement qu'il ne faut pourtant pas confondre avec celui qui réunit absolument toutes les combinaisons ou toutes les chances en sa faveur, et qui est certain, d'une certitude mathématique » (1851, § 34, p. 40).

Le concept d'événement physiquement impossible revêt alors une importance particulière pour penser l'applicabilité du calcul des probabilités, car il permet d'effectuer le passage de la probabilité mathématique à la réalité physique, donc du plan du concept au plan du réel, dans la mesure où il met en correspondance une détermination mathématique, le rapport d'une chance favorable à une infinité de chances contraires, et une réalité physique, la non-existence de l'événement. Un tel concept, dit Cournot, confère donc à la théorie des probabilités une « valeur objective et phénoménale » (1843, § 43, p. 58).

Cette reconnaissance de valeur objective de la probabilité subit pourtant une double limitation : 1. elle ne concerne que la probabilité infiniment petite, et 2. elle ne vaut que négativement, puisque le principe de l'impossibilité physique implique la non-existence de l'événement. Afin d'obtenir un résultat à la fois plus général et positif, Cournot recourt au théorème de Bernoulli, et pose qu'avec l'augmentation du nombre des épreuves, c'est la probabilité d'un écart sensible entre fréquences et probabilités qui tend à devenir physiquement impossible. À la limite, c'est-à-dire dans l'hypothèse d'une infinité d'épreuves, c'est la probabilité d'un écart entre probabilités et fréquences qui devient infiniment petite, si bien qu'il devient physiquement impossible « que les deux rapports diffèrent l'un de l'autre d'une fraction donnée, si petite qu'elle soit » (1843, § 44, p. 59). En d'autres termes, la possibilité d'un écart significatif entre fréquences et probabilités peut être considérée comme négligeable, et la probabilité mathématique, définie ici comme limite de fréquences, mesure la possibilité physique de l'événement : « La probabilité mathématique, écrit Cournot, n'est plus un simple rapport abstrait, tenant au point de vue de notre esprit, mais l'expression d'un rapport que la nature même des choses maintient, et que l'observation manifeste » (*ibid.*).

Comme on le voit, le concept d'événement physiquement impossible suppose la mise en œuvre d'un principe des probabilités négligeables. Cournot n'est pas le premier à recourir à un tel principe. Jacques Bernoulli déjà définissait l'événement « moralement impossible » comme le contraire de l'événement

« moralement certain », défini de la manière suivante : « Est moralement certain ce dont la probabilité égale presque la certitude intégrale, de telle sorte que le manque soit imperceptible » (Bernoulli 1713, IVe partie, ch. 1, p. 213). Et Buffon posait qu'un événement dont la probabilité est inférieure à 1/10 000 « doit être regardée comme nulle, et que toute crainte ou toute espérance qui se trouve au-dessous de dix mille, ne doit ni nous affecter ni même nous occuper un seul instant le cœur ou la tête » (Buffon 1777, § VIII ; 1977, p. 38). Cournot lui donne une expression rigoureuse (même si elle soulève de nombreuses difficultés), en exigeant qu'à l'unique chance favorable à l'événement réponde l'infinité des chances contraires. Pourquoi, en effet, l'équilibre du cône pesant, supposé parfaitement homogène, sur sa pointe est-il physiquement impossible ? « Entre le nombre infini de directions que le hasard doit indifféremment amener, répond Cournot, une seule est compatible avec l'équilibre : c'est comme s'il s'agissait de mettre par hasard la main sur l'unique boule blanche qui se trouve mêlée, non pas à un million, non pas à un milliard ou à une myriade de milliards, mais à une infinité de boules noires » (1872, liv. III, ch. 1, pp. 182-183)[1].

Sans discuter ici la légitimité de ce principe, il convient de remarquer que l'assignation de la valeur objective de la probabilité mathématique n'est possible qu'à l'intérieur de conditions restrictives strictes, à savoir qu'elle s'applique à un événement fortuit, donc à un événement produit par un concours

1. On peut noter que ce principe de l'impossibilité physique sera, sous le nom de « principe de Cournot », réinterprété sous des formes variées au XXe siècle, par exemple par M. Fréchet en 1949 ou O. Anderson (1949, 1963), et discuté par Maurice Boudot en 1972, mais il constitue également la « loi unique du hasard » de Borel (1914, 1939, 1950), dont la fiction des singes dactylographes est l'illustration, et la racine de l'interprétation de la probabilité comme mesure de fréquence proposée par Lévy (1925, p. 30 ; cf. Bru 1999), même si ceux-ci n'utilisent pas l'expression de « principe de Cournot ». Pour une analyse plus développée de ce principe, on peut se reporter à Shafer et Vovk (2001), et à l'article de Glenn Shafer dans ce volume.

de causes indépendantes. Toutes les fois que cette condition ne pourra être remplie, la détermination de la probabilité n'aura qu'une valeur subjective.

Statistique et économie

L'analyse précédente soulève cependant une difficulté. Lorsqu'il fait porter son attention sur la statistique, Cournot lui attribue un champ d'application tout aussi étendu que celui qu'il reconnaît au calcul des probabilités. Il affirme, en effet, que « des phénomènes qui s'accomplissent dans les espaces célestes (...) peuvent être soumis aux règles et aux investigations de la statistique, comme les agitations de l'atmosphère, les perturbations de l'économie animale, et comme les faits les plus complexes encore qui naissent, dans l'état de société, du frottement des individus et des peuples » (1843, § 105, p. 125).

Pourtant, il faut reconnaître que la place qu'il accorde dans l'*Exposition* aux faits économiques et sociaux est réduite, puisqu'elle ne concerne que la démographie, la théorie des assurances et la statistique judiciaire. De plus, le traitement auquel il soumet ces objets insiste sur les difficultés du traitement statistique. On pourrait croire alors qu'il y ait conflit entre la posture épistémologique de Cournot et sa mise en œuvre effective, Cournot affirmant d'un côté la puissance heuristique générale de la statistique, dont le but est « l'investigation des causes qui régissent les phénomènes de l'ordre physique ou de l'ordre social » (1843, § 120, p. 138), mais en même temps manifestant de l'autre une « résistance » (Ménard, 1977) à l'application de la statistique aux phénomènes économiques.

Cette difficulté disparaît toutefois si l'on prête attention au projet qui anime Cournot et au contexte historique dans lequel il s'inscrit.

D'une part, comme l'a montré Yves Breton (1987), l'application des instruments statistiques à l'économie, dans la première moitié du XIXe siècle, reste timide et fait l'objet de vives controverses chez les économistes libéraux. Il indique notamment que l'application des probabilités aux phénomènes économiques se restreint aux questions démographiques, au calcul des rentes viagères et à la théorie des assurances. Cournot, sur ce point, n'est pas original.

D'autre part, on peut noter que, dès les *Recherches* de 1838, Cournot envisageait un usage fécond des statistiques économiques. Certes, s'il s'agit de rendre compte de la façon dont plusieurs variables solidaires tendent vers un état d'équilibre, on comprend que Cournot recoure au modèle mécanique et à la théorie des fonctions. Cela n'interdit nullement de reconnaître une place à l'analyse statistique. Ainsi, au chapitre IV consacré à l'étude de la relation entre le prix et la demande, la statistique intervient comme l'instrument permettant de construire la formule empirique de la loi du débit (= loi de la demande). En effet, indique Cournot, cette loi dépend d'un nombre important de facteurs économiques et sociaux de natures diverses : « du mode d'utilité de la chose, de la nature des services qu'elle peut rendre ou des jouissances qu'elle procure, des habitudes et des mœurs de chaque peuple, de la richesse moyenne et de l'échelle suivant laquelle la richesse est répartie » (1838, § 21, p. 37). En conséquence, elle ne peut être construite algébriquement, « pas plus, ajoute-t-il, que la loi de mortalité et que toutes celles dont la détermination rentre dans le domaine de la statistique, de ce qu'on appelle également l'arithmétique sociale ». C'est donc « à l'observation à fournir les moyens de dresser entre des limites convenables une table des valeurs correspondantes de D et de *p* » – D désignant la demande annuelle, qui est une fonction du prix *p*, grâce à quoi il est ensuite possible de construire la « formule empirique » permettant de représenter la courbe de la demande. Sans doute Cournot reconnaît-il qu'une telle entreprise s'expose à des obstacles qui en compromettent la réalisation, « à cause de la difficulté de se procurer des observations assez nombreuses et assez exactes, et aussi à cause des variations progressives que doit éprouver la loi de la demande, dans un pays qui n'est point encore arrivé à un état sensiblement stationnaire ». Il n'empêche que l'approche formelle et analytique d'une part, le recours à l'instrument statistique de l'autre, ne sont pas opposés par Cournot, mais au contraire pensés comme complémentaires. L'analyse, précise Cournot, « en faisant voir quelles relations déterminées subsistent entre des quantités inconnues, réduit les inconnues au plus petit nombre possible, et guide l'observateur dans le choix des observations les plus propres à en faire découvrir les valeurs. Elle réduit et coordonne les documents statistiques ; elle diminue en même temps qu'elle éclaire les travaux des statisticiens » (*ibid.*, p. 38). Et il illustre cette coopération par l'étude de la mortalité développée par Duvillard dans son ouvrage de 1796. S'il n'est pas possible d'assigner a priori une forme algébrique à la loi de mortalité, ni la forme de la fonction de répartition de la population aux différents âges dans une population stationnaire, Duvillard a su montrer comment ces deux fonctions sont liées par une relation algébrique simple, si bien que, note Cournot, lorsque les observations statistiques auront permis de construire une table de mortalité, on pourra, sans devoir rechercher de nouvelles observations, en déduire la loi de répartition de la population aux différents âges. Et Cournot reviendra dans les *Principes* sur cette comparaison entre loi de mortalité et loi de la demande, reconnaissant là encore qu'il faudra « bien du temps avant que l'on ne puisse construire et employer avec confiance (les tables empiriques), à cause de la difficulté de se procurer des documents exacts et concluants, en assez grand nombre pour compenser les irrégularités accidentelles » (1863, § 56, p. 67).

Enfin, et surtout, l'analyse à laquelle Cournot soumet la statistique dans l'*Exposition* obéit à la même orientation épistémologique et critique que celle qui commandait son analyse des probabilités : il ne s'y exprime de sa part aucune méfiance ou résistance de principe à l'égard de la fécondité de la statistique, mais au contraire la volonté d'interroger les conditions et les difficultés d'application de la théorie pour en garantir la scientificité et en dénoncer les prétentions maladroites et abusives. Et cette démarche critique s'impose tout particulièrement au moment où Cournot rédige l'*Exposition.* Analysant la genèse de la statistique comme discipline autonome au cours du XIXe siècle, Michel Armatte (1991) montre comment, dans sa première moitié, deux conceptions très différentes se font concurrence, l'une descriptive et empirique, issue de la tradition allemande, l'autre mathématique et solidaire de la théorie des probabilités. C'est dans cette perspective que peut se comprendre le discours de Cournot[1]. Ainsi, lorsqu'il dénonce un développement qu'il juge « exubérant » de la statistique, c'est pour « mettre en garde contre les applications prématurées et abusives qui pourraient la discréditer pour un temps » (1843, § 103, p. 123), et pour promouvoir la statistique mathématique contre une simple accumulation de données numériques.

Cette analyse du statut épistémologique de la statistique et de ses applications vise, là encore, à faire la part « de la constitution du monde extérieur et la part de la configuration du miroir qui le réfléchit » (1872, l. II, ch. 1, p. 101), autrement dit à distinguer, dans les résultats statistiques, ce qui tient aux phénomènes eux-mêmes et ce qui résulte de l'intervention du sujet connaissant et des instruments qu'il met en œuvre : le statisticien doit, dit Cournot, « dégager autant que cela se peut faire, par une discussion rationnelle, les données immédiates de l'observation, des modifications qui les affectent, en raison seulement du point de vue où se trouve placé l'observateur, et des moyens d'observation mis à sa disposition » (1843, § 106, p. 125). Et il se heurte ici à une difficulté particulière résultant de la nécessité dans laquelle il se trouve de définir les classifications à opérer et les critères qui les dirigent, sur la population étudiée. Or, ces critères, tout comme la distribution en catégories distinctes – en « coupes », dit Cournot –, relèvent d'un « jugement conjectural, fondé lui-même sur des probabilités, mais sur des probabilités qui ne se résolvent pas dans une énu-

1. « Pour que la statistique mérite le nom de science, écrit Cournot, elle ne doit pas consister simplement dans une compilation de faits et de chiffres : elle doit avoir sa théorie, ses règles, ses principes. Or, cette théorie s'applique aux faits de l'ordre physique et naturel, comme à ceux de l'ordre social et politique » (1843, § 105, pp. 124-125).

mération de chances, et dont la discussion n'appartient pas proprement à la doctrine des probabilités mathématiques » (1843, § 113, p. 132), autrement dit des probabilités philosophiques.

Cournot ne se propose donc nullement de contester l'aptitude de la statistique à contribuer à l'intelligibilité des phénomènes économiques et sociaux, mais au contraire d'en déterminer les conditions de validité. Or, une telle entreprise est nécessaire dans la mesure où les résultats statistiques ne peuvent se passer d'une interprétation[1] qui en assigne le sens, faute de quoi, considérés indépendamment des méthodes qui les ont rendus possibles, ils risquent d'être abandonnés à l'arbitraire et à l'incompréhension de leurs utilisateurs. Ainsi en est-il de l'analyse comparative nécessaire à la détermination des « coupes » : « Ordinairement, écrit Cournot, ces essais par lesquels l'expérimentateur a passé ne laissent pas de traces ; le public ne connaît que le résultat qui a paru mériter de lui être signalé ; et en conséquence, une personne étrangère au travail d'essais qui a mis ce résultat en évidence, manquera absolument de règle fixe pour parier que le résultat est ou non imputable aux anomalies du hasard » (1843, § 111, p. 130).

Conclusion

Au terme de cette analyse, nous avons pu vérifier que la façon dont Cournot aborde la connaissance scientifique, et plus particulièrement la connaissance mathématique, n'est jamais seulement technique. Elle intègre toujours en même temps une perspective réflexive et critique visant à interroger le statut épistémologique et la fonction pratique de la théorie. La préoccupation constante qui anime Cournot est alors de déterminer les conditions d'un accord de la théorie au réel.

C'est également ainsi qu'il convient de penser l'orientation qui guide la réflexion de Cournot sur les probabilités et la statistique.

1. C'est là un point sur lequel revient Alain Desrosières dans sa contribution au présent volume.

En mettant l'accent sur la nécessité d'une réflexion épistémologique interrogeant les interprétations dont est susceptible la démarche probabiliste, et en admettant leur possible pluralité, Cournot prépare les débats décisifs qui marqueront les développements du calcul des probabilités et de la philosophie des probabilités au XXe siècle, débats dont l'écho se prolonge encore aujourd'hui.

Conjointement, faisant retour, dans un chapitre consacré à « la révolution des mathématiques » au XVIIe siècle, sur l'acte de naissance du calcul des probabilités, il y aperçoit les germes d'un renouvellement de la logique et de la philosophie, vivifiées par la théorie des probabilités, renouvellement dont il est l'un des plus marquants promoteurs : « La théorie de la probabilité mathématique, dont Pascal et Fermat jetaient les bases, ne contenait pas seulement les principes rationnels de la statistique, science encore à naître quand vivaient ces beaux génies : par la précision inattendue qu'elle donnait aux idées jusque-là si confuses du hasard et de la probabilité, elle mettait ou devait mettre sur la voie des vrais principes de la critique en tout genre ; elle ouvrait ou devait ouvrir aux logiciens la seule porte pour sortir du cercle où la logique restait enfermée depuis le Stagirite » (1872, liv. III, ch. 1, p. 184).

Cournot et les fonctions des modèles économiques

BERNARD WALLISER[1]

Dans ses *Recherches sur les principes mathématiques de la théorie des richesses* (1838), Augustin Cournot s'est imposé comme un précurseur de la construction de modèles économiques mathématisés. Il est surtout connu pour ses modèles du monopole et du duopole en équilibre partiel, même s'il a élargi son propos à des modèles de marché ou de commerce international. En revanche, l'outil mathématique qu'il utilise se limite au calcul différentiel, qui avait déjà fait ses preuves en mécanique, sans inclure ses propres apports sur les probabilités. De fait, il a initié un mouvement de modélisation qui, d'abord relancé par les marginalistes et Walras, s'est pleinement épanoui à partir du milieu du XXe siècle.

Dans son *Essai sur les fondements de la connaissance et sur les caractères de la critique philosophique* (1851), A. A. Cournot a développé ses idées épistémologiques sur l'élaboration du savoir scientifique. S'il s'intéresse bien à la mathématisation du réel, il ne parle pas de modèles, mais de théories pour exprimer des mécanismes abstraits à un niveau générique et de lois pour exprimer des régularités empiriques à un niveau plus spécifique. S'il est à l'origine d'innovations en sciences économiques et sociales, il prend ses exemples exclusivement dans les acquis des sciences physiques et biologiques. Sur ce plan, son

1. L'auteur remercie Thierry Martin et André Orléan pour leurs remarques constructives.

apport est moins innovateur en tant qu'il se contente de prolonger des réflexions déjà engagées par ses contemporains.

Le présent article n'a donc pas pour objectif de décrire l'épistémologie implicite ou explicite des modèles de Cournot, qui reste pour le moins embryonnaire. Son ambition est de présenter une épistémologie générale des modèles dans leur développement contemporain, à partir de six fonctions de base qu'ils remplissent. Ce n'est qu'à l'occasion de chaque fonction qu'il sera fait référence à la façon dont Cournot a pu lui-même les envisager[1]. Pour chacune des fonctions considérées seront abordés les principales forces et faiblesses des modèles, leur pertinence dans les sciences de la nature et de la société, enfin les mécanismes de base qu'ils mettent en œuvre.

1. Fonction iconique

Un modèle est un ensemble d'énoncés exprimés dans un langage formel, assurant la *symbolisation* d'un système naturel ou artificiel. C'est en ce sens que l'on parle de « capturer » un phénomène par un modèle, c'est-à-dire de le subsumer sous une forme ramassée. Un modèle est alors jugé sur son *expressivité*, à savoir sa capacité à traduire fidèlement les caractéristiques saillantes du système considéré.

Un modèle assure une représentation plus précise que le langage naturel, à l'aide de concepts plus pointus et de relations plus tranchées. D'une part, les concepts sont exprimés par des grandeurs évaluées sur des échelles formelles explicitées et sont dédoublés en cas de connotations multiples. Ainsi, une fonction d'utilité peut être ordinale ou cardinale et, si elle traduit à la fois l'appréciation de gains certains et l'aversion face au risque, ces deux interprétations peuvent être déconnectées. D'autre part, les relations sont exprimées par des équations à des niveaux de spécification variables et sont souvent décomposables en

1. Les références ultérieures à Cournot renvoient aux sections de l'*Essai* de 1851, sauf mention contraire.

relations plus basiques. Ainsi, une fonction de consommation peut être exprimée sous forme générique, paramétrique ou spécifique et s'avère décomposable en une fonction de consommation des revenus futurs et une fonction d'anticipation des revenus futurs à partir des revenus passés.

Cependant, un modèle peut glisser vers un formalisme réducteur s'il mobilise des concepts désubstantialisés et des relations purement abstraites. D'une part, la structure formelle adoptée pour une grandeur peut s'avérer trop exigeante ou incapable de traduire certains phénomènes. Ainsi, le savoir d'un agent est difficile à résumer en une grandeur quantitative homogène et l'apparition d'un savoir nouveau est plus inexprimable encore, sauf à supposer qu'il est potentiellement déjà là. D'autre part, les relations manifestent des rapports trop rigides entre les grandeurs ou encore l'absence de grandeurs pertinentes. Ainsi, une fonction de production traite la main-d'œuvre comme un facteur intervenant de façon mécanique et néglige nombre de phénomènes culturels liés aux habitudes de travail.

Au regard des autres sciences sociales, l'économie se présente d'emblée avec des avantages apparents en matière de formalisation. Ainsi, les variables économiques apparaissent sous une forme « naturellement » quantitative (prix et quantités de biens). De même, les structures économiques de base semblent « spontanément » formalisables (ordre de préférences d'un agent sur les biens). Par rapport aux sciences dures, l'économie reste en revanche handicapée par son côté d'emblée informel. Ainsi, certains concepts semblent rétifs, au moins de façon provisoire, à toute expression formelle (émotions du décideur). De même, certains ensembles de relations sont difficiles à exprimer par des structures mathématiques classiques (relations de pouvoir entre échangistes).

Le problème central est celui de l'*interprétation* d'un modèle, à savoir la mise en correspondance du modèle avec un système concret, réel ou fictif. Différentes formes d'interprétation sont considérées, qui partagent cependant l'idée de « lois de correspondance » liant les grandeurs du modèle à des propriétés du système représenté. Différents degrés de profondeur des interprétations sont aussi à l'œuvre, de la simple « lecture » littéraire des relations du modèle à l'évocation de principes sous-jacents. Par exemple, les aléas des modèles sont interprétés comme exprimant tantôt une indétermination intrinsèque du système, tantôt des défauts de spécification du modèle, ou encore des erreurs de mesure des grandeurs.

Tout modèle admet en général des interprétations multiples, dans la mesure où la formalisation n'épuise pas le discours littéraire. Une interprétation « standard » peut néanmoins s'imposer au regard d'un paradigme plus général dans lequel le modèle s'inscrit. Principal écueil, la sous-interprétation suppose que le modèle formel parle de lui-même sans nécessiter de commentaires additionnels (sens donné à l'égalité entre offre et demande sur un marché). D'autre part, la surinterprétation provient de ce qu'une interprétation exclusive est imposée comme allant de soi (équilibre parfois interprété comme un état harmonique du système considéré).

Cournot considère que le langage mathématique est un langage qui, une fois les concepts mathématiques dûment interprétés, facilite l'exposition des faits, permet la concision des lois et prévient d'une argumentation vague. Il insiste sur le fait que ce langage peut s'exprimer à un niveau de généralité élevé, ce qui en fait un mode d'expression privilégié en matière de théorie. Pour lui, « l'analyse mathématique [...] n'a pas seulement pour objet de calculer des nombres, [...] elle est aussi employée à trouver des relations entre des grandeurs que l'on ne peut évaluer numériquement » (*Recherches*, 1838, Préface).

Il soutient que les mathématiques, bien que construites par l'esprit humain, s'appliquent parfaitement au monde réel, indépendamment des lois qui gouvernent notre intelligence (155). Il introduit une première dimension probabiliste dans le contenu des modèles, la probabilité qui caractérise le hasard et mesure la possibilité physique étant ici considérée sous une forme objective, et considérée comme mesurable empiriquement (35). Plus précisément, « les événements amenés par la combinaison ou la rencontre d'autres événements qui appartiennent à des séries indépendantes les unes des autres sont ce qu'on nomme des événements fortuits ou des résultats du hasard » (30).

2. *Fonction syllogistique*

Un modèle est un objet conceptuel structuré et clos sur lui-même, qui permet ou du moins favorise la *simulation* d'un système. En ce sens, on peut « faire tourner un modèle » comme on fait tourner un moteur, voire comme on fait tourner une table. Un modèle est alors jugé à sa *tractabilité*, à savoir sa capacité à faire dériver de ses postulats des conclusions originales, voire surprenantes.

Un modèle autorise une démonstration rigoureuse faisant passer d'hypothèses explicites à des conséquences systématiques. D'une part, les hypothèses sont exhaustives et progressivement dévoilées et peuvent être traitées simultanément en grand nombre. Ainsi, l'hypothèse d'information parfaite (et, plus tard, celle de connaissance commune) a été progressivement mise à jour et ses conséquences ultimes, associées à d'autres hypothèses, dûment explicitées. D'autre part, les conséquences sont précises et contrôlées, même si des erreurs résiduelles peuvent subsister quelque temps, et elles s'avèrent souvent imprévisibles et même contre-intuitives. Ainsi, si la valeur de l'information pour un décideur peut être précisément définie et calculée, les cas surprenants de valeur négative, observés en théorie des jeux, sont dûment répertoriés.

Cependant, un modèle peut glisser vers un pur jeu formel entre des hypothèses abstraites et des conséquences désincarnées. D'une part, si les hypothèses « techniques » sont souvent ad hoc, les hypothèses « substantielles » sont indéfiniment raffinées. Ainsi, en théorie des jeux, l'hypothèse de « main tremblante », souvent interprétée comme traduisant des erreurs d'implémentation des actions, a surtout comme vertu d'introduire des aléas dans le choix des actions ; de même, les hypothèses ultra-sophistiquées sur les croyances des joueurs ont surtout pour objet de caractériser des équilibres. D'autre part, les conséquences ne sont pas toujours obtenues « constructivement » et sont rarement univoques. Ainsi, les équilibres de marché sont définis sans exhiber un processus clair d'atteinte de l'équilibre et ils s'avèrent le plus souvent multiples sans critères réalistes pour les sélectionner.

Par rapport aux autres sciences sociales, l'économie apparaît comme une discipline bien plus structurée. Elle introduit des niveaux d'organisation emboîtés se répondant par des relations agissant à double sens (comportements individuels versus phénomènes collectifs). Elle explicite des chaînes d'influence claires entre des grandeurs plus ou moins observables (effet des états mentaux d'un agent sur ses actions). En revanche, elle souffre d'un déficit d'intelligibilité par rapport aux sciences de la nature. Elle se heurte à une particulière complexité et instabilité du système économique (agents hétérogènes, interactions enchevêtrées). Elle introduit aussi des concepts difficiles à mettre en œuvre du fait de difficultés de calculabilité rencontrées par le modélisateur et a fortiori par les acteurs (équilibre bayésien parfait).

Le problème central est ici celui de l'*explication* d'un phénomène, à savoir, si l'on adhère au schéma de Hempel, sa dérivation à partir de lois générales et de conditions spécifiques. Différents types d'explication sont toujours disponibles, à l'instar de l'explication par les causes ou de l'explication par les raisons. Différents niveaux d'explication sont aussi à l'œuvre, ainsi de l'explication par des structures implicites ou de l'explication par des mécanismes sous-jacents. Par exemple, les cycles économiques peuvent être expliqués par des conditions structurelles classiques (chocs exogènes cycliques ou aléatoires, non-linéarités ou retards d'ordre deux) ou par des processus d'engendrement plus détaillés.

Il est en général possible de fournir des explications multiples d'un certain phénomène observé. Il se peut qu'une explication « minimale » puisse même en être proposée, au sens où elle mobilise un minimum de facteurs explicatifs et propose des mécanismes simples assurant leur conjonction. Le risque de sous-explication consiste en une simple mise en correspondance statistique de grandeurs sans afficher de mécanisme sous-jacent (théorie quantitative de la monnaie). Le risque de surexplication provient d'une superposition de facteurs possédant tous un pouvoir explicatif sans rendre compte de leur hiérarchisation (modèle d'entreprise).

Cournot met en avant comme moteur de la recherche la quête de la « raison des choses », certes contrainte, mais toujours en développement (13). Expliquer les phénomènes, c'est saisir les rapports généraux selon lesquels ceux-ci s'articulent synchroniquement et s'enchaînent diachroniquement, selon des séquences d'influence solidaires ou indépendantes (26). Pour lui, « il y a dans toutes les sciences [...] des généralisations fécondes, parce qu'elles nous montrent dans une vérité générale la raison d'une multitude de vérités particulières dont les liens et la commune origine n'étaient point aperçus » (16).

Il insiste particulièrement sur l'explication par la réalisation de combinaisons fortuites (hasard), par des réactions mutuelles (causes) ou encore par une finalité interne (dessein). Il pense que ces modes d'explication sont les mêmes dans toutes les sciences, même si leur importance relative varie en passant du physique au social. Il affirme ainsi que « les notions de [...] cause et de hasard [...] s'appliquent aux phénomènes de la nature vivante comme à ceux que produisent les forces qui sollicitent la matière inorganique, aux actes réfléchis des êtres libres comme aux déterminations fatales de l'appétit et de l'instinct » (36).

3. Fonction empirique

Un modèle est une représentation schématique d'un système existant, qui se prête à une *validation* aisée face aux données empiriques. Dans cette acception, on peut « tester un modèle » comme on teste un matériau nouveau ou un organisme génétiquement modifié. Un modèle est alors jugé sur sa *véridicité*, à savoir sa capacité à appréhender les propriétés observables du système considéré.

Un modèle peut être soumis à une validation systématique au regard des « faits stylisés », par une démarche descendante ou plus rarement ascendante. D'une part, l'approche projective permet de dériver du modèle des conséquences testables entre grandeurs observables, conséquences auxquelles sont ensuite appliqués des tests de validation simples. Ainsi, une fonction d'investissement est dérivée du modèle d'optimisation de l'investisseur et peut être soumise à des tests classiques. D'autre part, l'approche inductive permet le traitement d'un grand nombre de données auxquelles sont encore appliquées des techniques classiques visant à en faire émerger un modèle. Ainsi, la relation entre performance et taille des entreprises est extraite d'un corpus empirique très nourri par l'intermédiaire de méthodes d'analyse des données.

Un modèle ne peut conduire à des tests cruciaux car l'approche projective est peu conclusive et l'approche inductive souvent aveugle. D'une part, la validation d'un modèle stochastique repose sur des critères conventionnels et sa réfutation éventuelle est peu informative sur ses faiblesses, en raison du problème de Duhem-Quine. Ainsi, un modèle aléatoire de marché du travail ne peut jamais être strictement infirmé par les données et, s'il se révèle peu plausible, ne fournit pas d'indications quant aux hypothèses à remettre en cause. D'autre part, la structuration des données nécessite un modèle préalable dont nombre d'hypothèses ne sont pas testées. Ainsi, la formalisation du marché monétaire fait des hypothèses a priori sur la composition de la monnaie et sur les déterminants de l'offre et de la demande, l'exogénéité postulée de certains facteurs explicatifs n'étant en particulier pas testée.

L'économie présente là encore des avantages comparatifs par rapport aux autres sciences sociales. Elle dispose de données historiques nombreuses, en particulier en matière financière (données en temps réel). Elle procède à une expérimentation systématique en laboratoire, sous les auspices de la psychologie cognitive et plus récemment de la neuro-économie (théorie de la décision en incertitude). Elle demeure en revanche en retrait par rapport aux pratiques des sciences dures. Les phénomènes économiques sont soumis à des facteurs perturbateurs plus nombreux et d'importance comparable (coûts d'information ou de transaction dans les échanges). Elle rencontre aussi plus de difficultés à passer du laboratoire au monde réel, ce qui l'amène à donner plus d'importance aux données purement historiques (analyse économétrique des causes du chômage).

Le problème central est celui de l'idéalisation du modèle, au sens où il n'est valable que sous certains aspects et dans certains contextes. On peut considérer divers types d'idéalisation : l'isolation du contexte, qui se traduit par des hypothèses d'exogénéité, de stabilité et de négligibilité ; la stylisation interne, qui conduit à des approximations structurelle, analytique et paramétrique. On peut également considérer des degrés d'idéalisation variables, si tant est que « tout modèle est idéal, mais certains sont plus idéaux que d'autres ». Par exemple, on peut considérer qu'un marché concurrentiel est réalisé dans des circonstances usuelles (marché du verre), dans des circonstances potentielles réalisables à la limite (marché du travail) ou dans des circonstances virtuelles, en pratique inaccessibles (marché du temps).

Diverses représentations idéalisées d'un même système sont généralement proposées, réalisant des approximations plus ou moins poussées sur telle ou telle de ses dimensions. Une idéalisation, comme toute caricature, apparaît comme réussie si elle réduit le système à ses traits essentiels au regard de l'utilisation attendue du modèle. Premier risque, la sous-idéalisation revient à construire un modèle avec nombre de détails superflus (modèle de ville en économie géographique). La suridéalisation conduit à bâtir un modèle dont on en arrive à dire que « toute ressemblance avec la réalité est purement fortuite » (modèle du crime de Becker).

Cournot introduit la notion d'abstraction, proche de celle d'idéalisation, comme l'analyse à laquelle la force de l'intelligence soumet la sensibilité, et qui se traduit aussi bien dans les taxonomies que dans les principes théoriques. Il distingue l'abstraction artificielle (ou logique), qui est une pure construction du modélisateur adaptée à ses besoins, de l'abstraction rationnelle, qui traduit sous une forme épurée des rapports inhérents aux faits. Dans ses termes, « lorsqu'on étudie les lois d'après lesquelles les richesses se produisent, se distribuent et se consomment, on voit que ces lois pourraient s'établir de façon assez simple si l'on faisait abstraction de certaines circonstances accessoires qui les compliquent » (149).

Il favorise, en accord avec l'épistémologie de son époque, l'approche inductive à partir des observations, en mettant l'accent sur les observations de nos sens, perpétuellement perturbées par des filtres divers (milieu extérieur, instruments, illusions de sens). Il introduit une seconde dimension probabiliste dans l'appréciation des modèles, la probabilité qui traduit le degré de vraisemblance du modèle pour le modélisateur étant ici subjective, bien qu'elle puisse se resserrer au terme d'un débat entre les savants. Pour lui, « le jugement que la raison porte sur la valeur intrinsèque d'une [...] théorie est un jugement probable, dont la probabilité tient d'une part à la simplicité de la formule théorique, d'autre part au nombre de faits [...] qu'elle relie » (45).

4. Fonction heuristique

Un modèle est un artefact modulaire et évolutif qui contribue à une *cristallisation* progressive du savoir en unc totalité intégrée. Cette vision se traduit dans l'action de « bricoler un modèle » comme on bricole toute œuvre artistique ou tout objet artisanal. Un modèle est alors jugé à sa *fécondité*, à savoir sa capacité à engendrer une filiation nouvelle de modèles dont la pertinence est reconnue.

Un modèle sert de support d'imagination dans le contexte de la découverte et de support de légitimation dans le contexte de la preuve. D'une part, il permet un transfert analogique aisé entre deux disciplines et ouvre la possibilité de réutiliser les mêmes structures formelles au sein d'une même discipline. Ainsi, les idées de sélection et de mutation ont été intégrées dans la théorie des jeux évolutionnaire, et la structure formelle associée s'avère isomorphe à celle résultant d'un processus d'apprentissage par renforcement. D'autre part, il facilite la résolution de paradoxes logiques (circularité logique vicieuse ou régression à l'infini), théoriques (conséquences contraires à l'intuition) ou empiriques (prédictions contraires à l'expérience). Ainsi, le paradoxe de la méta-optimisation, le paradoxe de Condorcet ou le paradoxe d'Allais ont stimulé la construction de modèles visant précisément à y répondre.

Cependant, la modélisation peut conduire à une profusion anarchique de modèles, disparates dans le contexte de la découverte, triviaux dans le contexte de la preuve. D'une part, les modèles n'empêchent pas des analogies hasardeuses ou plates et peuvent se réduire à du bon sens formalisé. Ainsi, la diffusion du savoir a été assimilée à la simple diffusion d'un item matériel et son acquisition par un agent à la simple accumulation de cet item. D'autre part, les modèles fournissent des explications transparentes au sens où les conclusions sont déjà dans les hypothèses, ou des explications ad hoc au sens où les hypothèses ne concernent que le phénomène considéré. Ainsi, les préférences des agents comportent des arguments de plus en plus hétéroclites, depuis les préférences d'autrui (pour rendre compte de l'envie) jusqu'aux normes sociales (pour traduire l'obéissance à ces normes).

L'économie apparaît cependant comme plus unifiée que les autres sciences sociales. Elle dispose d'une ontologie commune (théorie des jeux comme matrice unificatrice) et d'une méthodologie commune (mathématiques comme langage fédérateur). Elle apparaît à leur égard comme une discipline à la fois importatrice (concept de réputation) et exportatrice (concept de rationalité), au risque d'un certain « impérialisme ». L'économie reste cependant en retrait au regard du développement homogène des sciences dures. Elle reste animée par des courants divergents quant à leurs visions (courant néoclassicique versus institutionnaliste) et leurs méthodes (approche formelle versus approche historique). Elle procède à leur égard à des emprunts volontaires (microéconomie évolutionniste), mais subit aussi des imports plus involontaires, proches de l'entrisme (diffusion des croyances vue par la physique statistique).

Le problème central est celui de la *cumulativité* du savoir, qui exige d'abord la commensurabilité entre modèles, puis leur positionnement relatif en termes de complémentarité et de substituabilité. Diverses formes de cumulativité sont envisageables : analyse structuraliste des modèles sous forme de treillis conceptuels, analyse génétique des modèles sous forme d'arbres conceptuels. Des degrés de profondeur de la cumulativité peuvent aussi être distingués : élargissement du domaine de validité, affaiblissement de la forme analytique, enracinement selon des principes fondateurs. Ainsi, les modèles de choix en incertitude se sont progressivement généralisés en étendant leur champ à des animaux, en adoptant des formalismes étendant l'espérance d'utilité, en fournissant enfin des axiomes justifiant ces critères étendus.

La cumulativité des modèles peut se manifester selon des typologies et des lignes d'évolution différentes, et conduit souvent à des filières de modèles à partir d'un modèle séminal (modèles de Hotelling, Spence, Akerlof, Rubinstein...). La forme la plus marquante de cumulativité correspond à l'affaiblissement par vagues successives des hypothèses des modèles lorsque cet affaiblissement devient formellement réalisable et conduit à des conséquences originales (rationalité limitée, préférences endogènes). Le risque de sous-cumulativité consiste en une balkanisation du savoir, inspirée par l'adage que « cent modèles s'épanouissent » (modèles évolutionnistes). Le risque de surcumulativité se traduit par un programme de recherches dominant, qui manifeste une « pensée unique » (équilibre général).

Cournot affirme que les phénomènes se rangent dans des catégories d'objets (ou de phénomènes) plus ou moins subordonnées les unes aux autres, et caractérisées par des concepts, des principes et des méthodes différents. Il distingue les généralisations fécondes, qui conduisent à englober des champs jusque-là insoupçonnés, mais aussi des « généralisations stériles », qui n'intègrent que des domaines très marginaux (16). De façon plus diachronique, il observe que « les idées qu'on appelle neuves, parce qu'elles projettent sur les objets de notre connaissance un jour nouveau, ont leur temps de fécondité et leur temps de stérilité et d'épuisement » (153).

Il soutient que la découverte scientifique n'obéit pas à des lois psychologiques ou sociales qui peuvent être explicitées, mais pense néanmoins que le savant est fondamentalement guidé par une idée d'harmonie du monde. En particulier, même si sa définition est délicate, l'idée de simplicité lui semble une idée régulatrice, dans la mesure où ce qui est le plus simple est aussi le plus probable. Il parle de « ce pressentiment indéfinissable [...] qui met le géomètre sur la trace d'un théorème, le physicien sur la trace d'une loi physique, selon qu'il leur paraît que la loi ou le théorème pressentis satisfont aux conditions de généralité, de simplicité, de symétrie, qui contribuent à la perfection de l'ordre en toutes choses » (71).

5. Fonction pragmatique

Un modèle est un outil conceptuel puissant qui permet une *adaptation* efficace des acteurs à leur contexte d'action. C'est en ce sens que l'on parle d'« exploiter » un modèle comme on exploite n'importe quel instrument d'investigation. Un modèle est alors jugé à son *opérationnalité*, à savoir sa capacité à répondre à certaines demandes de ses utilisateurs potentiels.

Un modèle peut éclairer le contexte économique des choix par des prévisions claires et ciblées et par des prescriptions simples et applicables. D'une part, il est capable de fournir des réponses en toutes circonstances et de les nuancer sous forme de trajectoires futures contrastées. Ainsi, l'effet de la baisse de la durée du travail est anticipé pour toute combinaison de conditions d'environnement et se décline par exemple en scénarios « rose » ou « gris ». D'autre part, il promeut des principes directeurs opératoires et sert de langage de référence pour les experts. Ainsi, le calcul économique public est fondé sur le concept calculable de surplus et permet de poser le problème de l'évaluation des projets publics dans un cadre commun autour duquel peuvent s'articuler les accords et les conflits.

Un modèle peut se prêter à une utilisation magique du fait de prévisions incertaines et instables et de prescriptions superficielles et fragiles. D'une part, les prévisions sont rarement accompagnées de marges d'erreur et manifestent souvent un « effet Panurge » d'imitation entre prévisionnistes. Ainsi, les prévisions de prix du pétrole, souvent éloignées des réalisations, sont très semblables entre les prévisionnistes qui, non seulement ont une culture commune, mais préfèrent se tromper ensemble que d'avoir raison tout seuls. D'autre part, les prescriptions reposent sur des structures non causales et sous-estiment les conditions stratégiques de leur application. Ainsi, la politique monétaire repose sur une demande de monnaie qui traduit de simples régularités de comportement, éventuellement sensibles à la politique elle-même (problème de Lucas).

L'économie manifeste ici une grande originalité par rapport aux sciences sociales. En dehors de la seule représentation du système sur lequel on veut agir, elle modélise explicitement les moyens mobilisables par le décideur et les normes qu'il poursuit (efficacité / équité), ce qui conduit, du moins dans des cas particuliers, à des mises en œuvre très directes des prescriptions (ingénierie financière). L'économie reste toutefois très en retrait des pratiques d'application des sciences dures. Non seulement les décideurs sont plus dispersés et adoptent des objectifs multiformes (économie des transports), mais ils ont aussi des rapports bien plus indirects avec les experts (schizophrénie de l'expert entre ses conseils et ses croyances véritables, cannibalisme du décideur qui ne retient des prescriptions que des éléments disparates directement assimilables).

Le concept central est celui de la *contextualisation* d'un modèle, comprise comme adaptation du modèle à une certaine demande externe. Il existe divers types de contextes auxquels on désire adapter le modèle : classes d'environnements, types de politiques ou catégories de normes (prévisions de trafic). Il existe également plusieurs profondeurs d'adaptation du modèle au contexte : modifications marginales du modèle, chocs finis sur le modèle, comparaison de modèles concurrents (prévisions macroéconomiques). Par exemple, un marché financier fait l'objet de modèles donnant lieu à diverses variantes, résolues analytiquement ou par simulation numérique (« économie computationnelle »).

La contextualisation du modèle peut s'exercer dans des directions multiples et met à l'épreuve la robustesse du modèle, à savoir la sensibilité de ses conséquences aux hypothèses faites.

Le « principe de continuité des approximations », proposé par H. Simon, affirme précisément que des hypothèses proches doivent conduire à des conséquences proches. Premier écueil, la sous-contextualisation résulte de la réticence à appliquer un modèle à un problème qui ressort pourtant de son champ d'application, du fait de préjugés quant à son adéquation (modèle microéconomique calculable). Second écueil, la surcontextualisation résulte de l'application aveugle d'un modèle général à un problème, sans trop se soucier des caractéristiques spécifiques de la situation en cause (calcul économique appliqué par le FMI aux pays en voie de développement).

Cournot, en accord avec la pensée de Bacon, est fasciné par le parallélisme entre les idées d'ordre naturel et d'ordre artificiel, de gouvernement du monde physique et de gouvernement des États (154). Il met en exergue la complémentarité entre les capacités de connaissance et les capacités d'action, et considère que les idées morales subissent, au regard des idées scientifiques, un processus parallèle de décantation à partir de l'expérience et d'idéalisation à des fins opératoires. Plus avant, il affirme que « l'homme ayant, dans l'ordre de la connaissance, des facultés très supérieures à celles des animaux, est par cela même appelé à une destinée supérieure et doit accomplir des actes d'une nature plus élevée » (168).

Il n'en est pas moins sensible au fait qu'il existe un pas immense à franchir pour passer de la théorie aux applications gouvernementales (*Recherches*, Préface). Dans une perspective contrefactuelle, il distingue des inductions intrapolatives, proches du champ d'études éprouvé, et des inductions extrapolatives, sortant de ce champ, ces dernières étant de plus en plus hasardeuses, bien qu'elles ne puissent être simplement probabilisées. Il affirme que « des règles sont établies, des cadres sont tracés pour restreindre entre des limites plus ou moins étroites l'appréciation consciencieuse d'un expert, d'un arbitre, d'un juré, d'un juge, d'un administrateur : appréciation rebelle à l'analyse et qui échappe par conséquent à un contrôle rigoureux » (202).

6. Fonction rhétorique

Un modèle est un médium commode et économe pour assurer la *transmission* des connaissances entre les acteurs intéressés. Il s'agit de « vendre un modèle » comme on assure la promotion de n'importe quel produit matériel ou intellectuel. Un modèle est alors jugé sur sa *pénétrabilité*, à savoir sa capacité à convaincre les milieux concernés de l'adopter et de le diffuser à leur tour.

Un modèle assure une communication aisée des savoirs auprès des spécialistes comme auprès du public. D'une part, il constitue un objet de référence entre les savants et un instrument pédagogique à destination des étudiants. Tout économiste, débutant ou qualifié, sait immédiatement de quoi on parle quand on évoque le modèle du « cobweb » sur le marché du porc ou le modèle de Rubinstein en matière de négociation. D'autre part, il favorise une imprégnation de concepts techniques sous forme d'images et une assimilation de mécanismes partiels sous forme de « cartes mentales ». Ainsi, les médias ou même le public ont internalisé de façon relativement fidèle les concepts de « coût marginal » ou de « valeur ajoutée » ou encore le « principe pollueur payeur ».

Cependant, un modèle est aussi un instrument de pouvoir aux mains des savants à l'encontre de leurs collègues ou face à l'opinion. D'une part, il manifeste un primat des travaux formalisés au sein de la profession et impose des barrières à l'entrée pour les étudiants. Ainsi, l'utilisation de formalismes à des fins théoriques ou statistiques s'est régulièrement répandue dans les revues économiques et fait office de gammes incontournables ou de figures imposées pour les étudiants. D'autre part, il ne saurait empêcher la diffusion de concepts flous ou de mécanismes mal définis, répétés en boucle. Ainsi, les médias se sont emparés, non sans les affaiblir et même les détourner, du concept de « bulles financières » ou de celui de « développement durable », tout comme du « principe de précaution ».

L'économie a des rapports particuliers de collaboration avec les autres sciences sociales, du fait de ses caractères spécifiques. Bien qu'elle exporte « littérairement » certains concepts évocateurs (capital symbolique, oligopole social), elle exerce sur elles une influence plus ambivalente de fascination / répulsion (théorie des jeux). Elle a des rapports plus sereins de dialogue avec les sciences dures, bien qu'elle soit amenée à étudier des phénomènes originaux du fait de l'intentionnalité des acteurs. Si elle importe certaines images à des fins didactiques (schéma de l'hystérésis), elle peut être l'objet de phénomènes spécifiques d'« autoréalisation » des anticipations, s'exerçant sur des grandeurs endogènes (augmentation du prix du sucre) ou sur des relations entre grandeurs (influence sur les prix des taches solaires).

Le problème central est celui de la *vulgarisation* des modèles, à savoir leur transmission sous une forme didactique. Divers supports sont mobilisés pour favoriser cette vulgarisation, des récits littéraires aux histogrammes visuels ou encore aux schémas graphiques. Il existe également différentes profondeurs de vulgarisation, avec un risque de plus en plus grand de discours « idéologiques » s'insinuant dans les interstices du savoir : approximations ciblées, interprétations forcées, explications infondées. Par exemple, la théorie des jeux s'appuie sur diverses historiettes (dilemme du prisonnier, bataille des sexes) qui sont censées résumer des configurations exemplaires d'interactions stratégiques.

Un même modèle peut être l'objet de plusieurs essais de vulgarisation, plus ou moins endossés par les constructeurs du modèle. Parmi ces vulgarisations, certaines sont officiellement reconnues et labellisées dans le discours courant et même savant (schéma du multiplicateur keynésien). Premier écueil : la sous-vulgarisation consiste en l'abandon du modèle par son constructeur pour laisser libre cours à toute interprétation ultérieure (lectures multiples du modèle de Coase). Second écueil : la survulgarisation consiste en une sollicitation du modèle qui est censé en dire plus que ce qu'il ne dit vraiment (interprétations abusives du théorème d'Arrow).

Cournot souligne que les « idées », qui ont été progressivement décantées des perceptions par le travail de l'esprit, doivent à nouveau être soutenues en retour par des « images », qui font appel aux sens (109). Il remarque que, pour une idée donnée, ce ne sont pas forcément les mêmes images qui ont le plus d'impact d'un individu à l'autre, et compare à cet égard la position de l'aveugle-né et du clairvoyant (110). Pour reprendre ses termes, « les conceptions hypothétiques ne sont pas introduites à titre d'idées, mais à titre d'images, à cause de la nécessité où se trouve l'esprit humain d'enter les idées sur des images » (116).

Il insiste sur la nécessité de se prémunir contre les abus du formalisme et de proposer au public des modèles à la fois simples et robustes, exprimant des messages clairs et applicables. Ce qu'il importe de viser par le calcul, ce n'est pas tant un degré de précision élevé qu'un degré d'approximation suffisant pour rendre son résultat significatif. Selon lui, « on a affecté dans les calculs ou dans certains détails d'expériences une précision illusoire, dont l'inconvénient n'est pas tant d'entraîner des soins et des travaux inutiles que de donner à l'esprit une fausse idée du résultat obtenu » (203).

Comme ce qui précède l'a montré, la notion de modèle est une catégorie dont les contenus sont très disparates et les frontières plutôt floues, ce qui peut expliquer qu'elle n'ait pas encore reçu une épistémologie propre. Un modèle est un objet multifactoriel qui intègre des composantes variées, des principes théoriques desquels il s'inspire aux données d'observation sur lesquelles il s'appuie, des langages mathématiques qu'il mobilise aux demandes sociales auxquelles il répond. Un modèle est aussi un objet plurifonctionnel, qui remplit des rôles divers en ce qui concerne l'expression formelle d'un phénomène, sa validation empirique progressive ou son exploitation à des fins opératoires ou pédagogiques.

Cournot a cependant senti que l'expression mathématique des principes et des lois de la nature recelait des potentialités qui allaient bien au-delà de ce qu'un simple discours littéraire peut prétendre réaliser. Il n'a pas hésité à appliquer à l'économie les méthodes qu'il a vues à l'œuvre dans les sciences physiques et biologiques, en dérivant d'hypothèses simplificatrices des conséquences qui, sans être toujours testables, peuvent du moins faire l'objet d'une appréciation indépendante. Il était mû par une vision rationaliste, tout en étant conscient des limites de la raison, mais sans verser pour autant dans un relativisme qui lui paraissait incongru.

En résumé, un modèle peut fondamentalement être analysé comme un objet conceptuel qui permet la poursuite du raisonnement par d'autres moyens. Il est usuellement vu comme non nécessaire, au sens où un « récit » littéraire peut exprimer les mêmes idées, mais suffisant au sens où il apporte une connaissance pertinente et autonome. Il est plus sûrement vu comme non suffisant dans la mesure où ses thèses doivent être constamment réinterprétées, mais nécessaire dans la mesure où il autorise des raisonnements inaccessibles et complémentaires au récit littéraire.

Du principe de Cournot au marché efficient

GLENN SHAFER[1]

1. INTRODUCTION

Selon le principe de Cournot, un événement de probabilité faible ou nulle, choisi d'avance, ne se produira pas. Depuis le début du XXe siècle jusque dans les années 1950, de nombreux mathématiciens, parmi lesquels Chuprov, Borel, Fréchet, Lévy et Kolmogorov, ont considéré ce principe comme fondamental pour l'application et la signification des probabilités[2]. De leur point de vue, un modèle probabiliste n'acquiert de contenu

1. Professeur à la Rutgers Business, School, Newark, New Brunswick, et au département d'informatique de l'université de Londres ; courriel : gshafer@rutgers.edu. Site web : http://www.glennshafer.com

Cet article s'appuie sur une collaboration avec Vladimir Vovk et a tiré parti d'échanges de correspondances et de conversations avec un nombre incalculable de collègues, dont un grand nombre sont remerciés dans des articles et des ouvrages antérieurs ainsi que dans des articles cités ici. L'auteur a également bénéficié du débat qui a eu lieu autour de l'article lors de la conférence internationale du Centre Cournot pour la recherche en économie à Paris, le 1er décembre 2005, en particulier des remarques de : André Orléan, Bernard Walliser et John Vickers. Les commentaires d'Alain de Fontenay et Marietta Peytcheva m'ont également été utiles.

2. La plupart d'entre eux ne l'appelaient pas « principe de Cournot », mais ce nom que l'on doit à Fréchet était en usage dans les années 1950 (voir *infra,* p. 91) et demeure sans doute le nom le plus acceptable et le plus commode aujourd'hui.

empirique qu'à partir du moment où il exclut un événement en lui assignant une probabilité faible ou nulle.

Dans les années 1960, tandis que la théorie des probabilités prenait de l'importance dans le domaine économique et surtout dans la finance, le principe de Cournot perdit de son crédit. En fait, il avait presque disparu en même temps que ceux qui l'avaient adopté auparavant. Dans cet article, je cherche à montrer qu'après sa disparition l'interprétation de la probabilité a perdu de sa clarté, ce qui explique en partie la très grande confusion des premières formulations de l'hypothèse des marchés efficients.

La théorie des jeux appliquée aux probabilités (Shafer et Vovk, 2001) reprend le principe de Cournot sous une forme directement applicable aux marchés. Dans ce cadre, le principe de Cournot revient à dire qu'une stratégie consistant à placer des paris sans risque de banqueroute ne saurait augmenter le capital du parieur de manière importante ou infinie. On peut donc l'appliquer directement à des stratégies d'exploitation des cours du marché, sans avoir à supposer l'existence de distribution de probabilités significatives relatives à ces prix.

L'idée qu'un investisseur ne peut réaliser de gains importants en utilisant l'information disponible au public fait partie de l'hypothèse des marchés efficients telle qu'elle a été formulée dans les années 1980 [86]. Or cette hypothèse des marchés efficients dit aussi que les prix du marché sont des valeurs anticipées actualisées par rapport à une distribution de probabilité qui ne varie qu'en fonction de l'information pertinente. Ce brouillage des idées a causé un parasitage mutuel des discours des spécialistes. Certains (Malkiel, par exemple, 2003) prétendent que l'hypothèse des marchés efficients est vérifiée lorsque les stratégies mises en œuvre pour réaliser des gains échouent. D'autres (comme Shiller, 2003) disent qu'elle est réfutée par tout exemple prouvant que les variations des cours ne dépendent pas toujours de l'information.

La théorie des jeux nous permet de débrouiller l'hypothèse des marchés efficients de manière efficace. Nous y sommes encouragés par le succès avec lequel cette théorie nous permet d'aborder la probabilité classique. Elle s'applique à la fois au cas où un investisseur ou un parieur achète une variable à sa valeur anticipée relativement à une distribution de probabilité spécifiée, comme dans la théorie de la probabilité classique, et au cas où seules certaines variables sont valorisées et proposées à la vente, comme dans les marchés incomplets où l'on trouve des investisseurs réels. Dans le cas où toutes les variables sont prisées, on a une simple probabilité classique, mais de nombreux résultats classiques s'étendent au cas où seuls des prix limités sont donnés.

Il se trouve que, dans le cadre de la théorie des jeux, le principe de Cournot appliqué directement aux cours du marché implique divers faits stylisés que l'on associe communément avec l'existence d'une distribution complète de probabilité pour une valeur future, y compris un échelonnage $\sqrt{dt}$ de variations des cours (Vovk et Shafer, 2003a) ainsi que les relations de type MEDAF entre le rendement moyen réalisé pour un titre particulier et celui du marché (Vovk et Shafer, 2002). Dans la mesure où ils sont confirmés par des données, ces faits stylisés peuvent être considérés comme la preuve de l'utilité de cette partie de l'hypothèse des marchés efficients que constitue le principe de Cournot. En soi, cela ne corrobore en rien l'hypothèse totalement différente selon laquelle les variations des cours s'appuient habituellement, voire toujours, sur l'information.

Les parties suivantes montrent comment le principe de Cournot a été très en vogue puis est passé de mode dans la probabilité classique (2), comment il a pris une forme nouvelle dans la théorie probabiliste des jeux (3), et quelles sont ses potentialités sous cette nouvelle forme pour les probabilités, l'économie et la théorie de la finance (4).

2. GRANDEUR ET DÉCADENCE DU PRINCIPE DE COURNOT

Cette partie retrace le parcours du principe de Cournot depuis son origine avec la discussion de Jacob Bernoulli sur la certitude morale au début du XVIIIe siècle jusqu'à sa disparition avec Joseph Doob et sa reformulation de la théorie de la probabilité mathématique dans les années 1950.

Cette partie suit un développement conceptuel et chronologique. En 2.1, je retrace l'histoire du concept relativement consensuel de la certitude morale du XVIIe au XXe siècle. En 2.2, je retrace le développement d'une idée plus controversée – l'idée que le principe de Cournot est le seul pont entre un modèle probabiliste et le monde ; cette idée a d'abord émergé dans l'analyse que Cournot fit de la certitude morale, et ce fut Paul Lévy qui en donna la meilleure formulation dans les années 1920. En 2.3, je fais une distinction entre la forme forte du principe de Cournot selon laquelle un événement donné de très faible probabilité ne se produira pas lors d'une épreuve donnée, et la forme faible qui se contente d'affirmer que les événements de faible probabilité se réalisent rarement au cours d'épreuves répétées. Je passe ensuite à l'histoire des adversaires du principe ; en 2.4, j'évoque l'indifférence des mathématiciens et des statisticiens britanniques, et en 2.5, je prends acte de l'opposition plus franche des philosophes allemands. Enfin, en 2.6, j'explique comment le modèle mathématique de Doob concernant les processus stochastiques a contribué à la disparition du principe de Cournot après la Seconde Guerre mondiale.

Cette partie s'inspire fortement des communications récentes en collaboration avec Vladimir Vovk sur le contexte historique de la contribution d'Andreï Kolmogorov à la fondation de la théorie des probabilités (Shafer et Vovk, 2005, 2006, Vovk et Shafer, 2003b).

2.1. La certitude morale

Un événement dont la probabilité est très petite est *moralement impossible* ; il ne se produira pas. De manière équivalente, un événement dont la probabilité est très forte est *moralement certain* ; il se produira. Ce principe trouva sa première formulation dans la probabilité mathématique de Jacob Bernoulli. Dans son ouvrage posthume publié en 1713, *Ars conjectandi*, Bernoulli a montré que dans une série suffisamment longue d'épreuves indépendantes d'un même événement, on aura une probabilité très forte que la fréquence à laquelle l'événement se produit sera proche de sa probabilité. Bernoulli a expliqué que l'on peut considérer la très forte probabilité comme une certitude morale, et par conséquent utiliser la fréquence de l'événement comme une indication de sa probabilité. Poisson (Bru, 1981 ; Poisson, 1837 ; Stigler, 1986) fut le premier à donner à cette conclusion le nom de loi des grands nombres. (C'est seulement plus tard, et surtout dans les cinquante dernières années, que l'on a utilisé la « loi des grands nombres » pour désigner le théorème de Bernoulli lui-même ainsi que ses généralisations, qui sont des résultats purement mathématiques.)

On a beaucoup discuté au XVIIIe siècle de la certitude morale probabiliste. Dans les années 1760, Jean d'Alembert a brouillé les pistes en se demandant si le prototype de l'événement de très petite probabilité, soit une longue série de réalisations répétées d'un événement qui a autant de chances de se réaliser que de ne pas se réaliser à chaque épreuve, est possible. Il pensait qu'une série de cent est métaphysiquement possible, mais physiquement impossible. Cela ne s'est jamais produit et ne se produira jamais (d'Alembert, 1761, 1767 ; Daston, 1994). En 1777, Georges-Louis Buffon avança que la distinction entre certitude morale et certitude physique était une question de degré. Un événement dont la probabilité est de 9 999/10 000 est moralement certain ; un événement dont la probabilité est beaucoup plus importante, la probabilité que le soleil se lèvera par exemple, est physiquement certain (Buffon, 1777 ; Loveland, 2001).

Augustin Cournot, mathématicien aujourd'hui reconnu comme économiste et philosophe des sciences (Martin, 1996), a donné à la discussion une orientation propre au XIXe siècle dans son traité sur la probabilité de 1843 (Cournot [1843], (1984)). Comme les probabilités géométriques lui étaient familières, Cournot fut en mesure de parler des probabilités infiniment petites. Il a amené la physique sur le devant de la scène.

Il est mathématiquement possible, disait-il, qu'un cône pesant repose sur sa pointe, mais cela est physiquement impossible. La probabilité de cet événement est infiniment petite. De la même manière, il est physiquement impossible que la fréquence d'un événement au cours d'une longue série d'épreuves soit sensiblement différente de sa probabilité (Cournot [1843], (1984), pp. 57 et 106).

Dans la seconde moitié du XIXe siècle, le principe selon lequel un événement dont la probabilité est infiniment petite ne se produira pas a joué un rôle déterminant en physique, en particulier chez Ludwig Boltzmann dans son approche statistique de la seconde loi de la thermodynamique. Ainsi que Boltzmann l'a expliqué dans les années 1870, les phénomènes dissipatifs sont irréversibles car la probabilité d'un état d'entropie loin du maximum est infiniment petite (von Plato, 1994, p. 80). L'usage que fit Henri Poincaré de ce principe est également remarquable. Le théorème de récurrence de Poincaré, publié en 1890 (Poincaré, 1890 ; von Plato, 1994), dit qu'un système mécanique isolé enfermé dans un volume fini de son espace de phases finira par repasser arbitrairement à un état proche de son état initial, pourvu que cet état initial ne soit pas exceptionnel. À l'intérieur de tout espace de volume fini, les états pour lesquels la récurrence ne se produit pas sont exceptionnels dans la mesure où ils sont contenus dans des sous-espaces dont le volume total est arbitrairement petit.

À l'aube du XXe siècle, les statisticiens pensaient communément qu'il fallait déterminer quel degré de probabilité valait comme certitude pratique afin de pouvoir appliquer la théorie des probabilités. Cela est clairement formulé en 1901, par exemple, dans les articles de Georg Bohlmann et Ladislaus von Bortkiewicz dans la partie consacrée aux probabilités de l'*Encyklopädie der mathematischen Wissenschaften* (von Bortkiewicz, 1901, p. 825 ; Bohlmann, 1901, p. 861).

Alexandre Chuprov, professeur de statistique à Saint-Pétersbourg, fut celui qui introduisit le principe de Cournot en Russie. Il l'appela le lemme de Cournot (Chuprov, 1910), et le présenta comme un principe de base de la logique du probable

(Sheynin, 1996, pp. 95-96). C'est Chuprov [1910] qui enseigna la statistique mathématique à Andreï Markov, de Saint-Pétersbourg également, et on trouve des échos du principe de Cournot dans le manuel de Markov, publié en allemand en 1912 (Markov, 1912, p. 12) :

> Plus la probabilité d'un événement est proche de un, plus nous avons de raisons de nous attendre à ce que l'événement se produise et non à attendre son contraire.
> Pour les questions pratiques, force nous est de considérer comme certains les événements dont la probabilité est plus ou moins proche de un, et de considérer comme impossibles les événements dont la probabilité est faible.
> Par conséquent, l'une des tâches les plus importantes de la théorie de la probabilité est d'identifier les événements dont la probabilité est proche de un ou de zéro.

L'importance du principe de Cournot a également été soulignée au début du XXe siècle par Émile Borel. Selon Borel, on peut dire du résultat d'un calcul de probabilité qu'il est objectif lorsque sa probabilité devient si grande qu'elle équivaut pratiquement à une certitude (Borel, 1906, 1909, 1914, 1930). Borel a proposé une échelle de certitude pratique plus fine et plus exigeante que celle de Buffon. D'après lui, une probabilité de 10^{-6} est négligeable à l'échelle humaine, une probabilité de 10^{-15} à l'échelle terrestre, et une probabilité de 10^{-50} à l'échelle cosmique (Borel [1939] [1991], pp. 6-7).

2.2. Le seul pont entre la probabilité et le monde

Dire qu'un événement dont la probabilité est très petite ou infiniment petite ne se produit pas est une chose. C'en est une autre que de dire que la théorie des probabilités n'acquiert de signification empirique que lorsqu'elle exclut que de tels cas puissent se produire. Cournot est peut-être le premier à avoir formulé cette seconde idée :

> *L'événement physiquement impossible est donc celui dont la probabilité est infiniment petite ;* et cette seule remarque donne une consistance – une valeur objective et phénoménale – à la théorie de la probabilité mathématique (Cournot [1843], (1984), p. 78).

La formulation de Cournot témoigne de l'influence de Kant ; « objective et phénoménale » vient de la distinction opérée par Kant entre le noumène, ou chose en soi, et le phénomène, ou objet d'expérience (Daston, 1994).

Paul Lévy, mathématicien français qui commença à étudier les probabilités dans les années 1920, propose une exposition remarquable par sa clarté de la thèse selon laquelle le principe de Cournot est la seule façon d'établir un lien entre une théorie probabiliste et le monde extérieur aux mathématiques. Dans une note publiée en 1922, le maître de Lévy, Jacques Hadamard, explique que la probabilité repose sur deux notions fondamentales : la notion d'événements parfaitement équivalents (de probabilité égale) et la notion d'événements très improbables (Hayek, 1978). Dans son *Calcul des probabilités*, publié en 1925, Lévy souligne les rôles respectifs de ces deux notions. La notion d'événements également probables, explique Lévy, est suffisante pour fonder le calcul des probabilités, mais, tant que notre raisonnement s'appuie sur cette seule notion, nos probabilités ne peuvent être que subjectives. C'est la notion d'événement très improbable qui permet aux résultats de la théorie mathématique de revêtir une signification pratique (Lévy, 1925, p. 21, 34 ; voir aussi Li et Vitányi, 1997, p. 3). En combinant la notion d'événement très improbable avec le théorème de Bernoulli, on obtient la notion de probabilité objective d'un événement, qui est une constante physique qui se mesure par la fréquence relative. Pour Lévy, la probabilité objective est tout à fait analogue à la longueur et à la masse, autres constantes physiques dont la signification empirique est également définie par des méthodes qui permettent de les mesurer avec un degré d'approximation raisonnable (Lévy, 1925, p. 29-30).

Les idées de Lévy rassemblaient un très large consensus en France. À partir des années 1940, Borel s'est mis à appeler le principe de Cournot « loi fondamentale du hasard » (Borel, 1941) puis « loi unique du hasard » (Borel, 1943, 1950). Robert Fortet reprit cette dernière appellation (1948).

Ni Lévy ni Borel n'ont utilisé le terme « principe de Cournot » qu'inventa Maurice Fréchet en 1949. Fréchet s'était inspiré d'Oskar Anderson, qui avait parlé du « Cournotsche Lemma » (le lemme de Cournot) et du « Cournotsche Brücke » (le pont de Cournot) (Anderson, 1935, 1949). Anderson suivait son maître, Chuprov, en utilisant le « lemme ». Fréchet trouvait que le terme de « lemme », comme celui de « théorème », devait être réservé aux résultats purement mathématiques, et proposa donc celui de « principe de Cournot » à la place. La formule de Fréchet fut utilisée dans les années 1950 en français, en allemand et en anglais (De Finetti, 1951 ; Richter, 1954, 1956 ; von Hirsch, 1954).

2.3. Forme forte et forme faible du principe

Fréchet fit une distinction entre une forme forte et une forme faible du principe de Cournot (Fréchet, 1951 ; Martin, 2003, p. 6). Dans la forme forte, on a un événement de probabilité faible ou nulle sélectionné avant une épreuve unique, et on dit que l'événement ne se produira pas lors de cette unique épreuve. La forme faible dit qu'un événement dont la probabilité est très petite se produira très rarement au cours d'épreuves répétées. Certains auteurs, au nombre desquels Lévy, Borel et Kolmogorov, adoptèrent la forme forte du principe. D'autres, comme Chuprov et Fréchet lui-même, préférèrent sa forme faible.

Le principe fort se combine avec le théorème de Bernoulli pour produire la conclusion non équivoque selon laquelle la fréquence d'un événement sera proche de sa probabilité dans une série suffisamment longue d'épreuves indépendantes. Le principe faible se combine avec le théorème de Bernoulli pour donner la conclusion suivante : dans une série suffisamment longue d'épreuves indépendantes, la fréquence de l'événement sera *généralement* proche de sa probabilité, principe général dont le principe faible est un cas particulier. Cela fut souligné par Castelnuovo dans son manuel de 1919 (p. 108). Castelnuovo a appelé ce principe général *loi empirique du hasard* (*la legge empirica del caso*) :

> Dans une série d'épreuves répétées de nombreuses fois dans des conditions identiques, chaque événement possible se produit avec une fréquence (relative) qui se rapproche progressivement de sa probabilité. Généralement, elle s'en rapproche à mesure qu'augmente le nombre d'épreuves (Castelnuevo, 1919, p. 3).

Bien que le cas particulier où la probabilité est proche de zéro suffise pour impliquer le principe général, Castelnuovo pensa qu'il était plus pédagogique de commencer son analyse de la signification de la probabilité en énonçant le principe général, selon lequel on identifie communément probabilité et fréquence. Son approche a influencé beaucoup de monde à l'époque. Maurice Fréchet et Maurice Halbwachs l'adoptèrent dans leur manuel de 1924 (Fréchet et Halbwachs, 1924). Cela conduisit Fréchet à comprendre la probabilité objective de la même façon que Lévy : il s'agit d'une constante physique que l'on mesure selon sa fréquence relative (Fréchet, 1937, p. 5 ; Fréchet, 1938, pp. 45-46).

Le point faible de la position de Castelnuovo et de Fréchet est que leur conclusion est bien modeste : ils parviennent à la seule conclusion que la fréquence d'un événement est *généralement* proche de sa probabilité. Lorsque l'on estime une probabilité à partir d'une fréquence observée, on franchit une étape : on considère que ce qui se passe *généralement* s'est effectivement produit dans le cas particulier. Franchir ce pas implique qu'on ait recours à la forme forte du principe de Cournot. Selon Kolmogorov (Kolmogorov, 1956), c'est un pas qu'on peut raisonnablement franchir si « on a des raisons de penser » que la situation de notre cas particulier parmi d'autres cas potentiels « est une situation ordinaire, c'est-à-dire qu'elle ne comporte pas de caractéristiques particulières ». Kolmogorov et ses contemporains considéraient que l'absence de caractéristiques particulières qui nous permet de repérer des épreuves singulières était essentielle dans toute application des probabilités au monde. Richard von Mises a formalisé cette absence en termes de règles pour sélectionner des sous-séries à partir de séries infinies d'épreuves (von Mises, 1919, 1928, 1931), mais Kolmogorov pensait que ces principes infinitaires n'étaient pas pertinents pour les applications (Shafer et Vovk, 2005, § A.2). Ce dont on a besoin, c'est d'un principe finitaire, applicable à une épreuve unique, et c'est le principe de Cournot.

2.4. Le sens pratique britannique

Pour Borel, Lévy et Kolmogorov, la théorie de la probabilité était un objet mathématique qu'il n'était pas facile d'appliquer au monde. Le principe de Cournot trouva une solution à ce problème, qui minimisait l'importance de la distinction entre la signification subjective et la signification objective de la probabilité. Pour Borel et Lévy les probabilités commencent par être subjectives mais deviennent objectives dès lors qu'elles sont suffisamment proches de zéro ou de un, ce qui fait qu'on adopte le principe de Cournot. Kolmogorov, fidèle à l'idéologie soviétique, évitait toute allusion au subjectivisme mais reconnaissait quand même le rôle du principe de Cournot lorsqu'il s'agit d'appliquer le formalisme mathématique de la probabilité au monde des fréquences.

Les Britanniques avaient une vision totalement différente des choses à la fin du XIXe siècle (Porter, 1986, p. 74). À cette époque les mathématiciens britanniques ne s'intéressaient guère aux probabilités, et de toute manière il y avait peu de chance pour qu'en Grande-Bretagne on cherche à établir des rapports entre des abstractions et le monde des phénomènes. On voyait dans les probabilités, pour autant qu'elles aient une utilité quelconque, une façon de décrire directement une chose appartenant au monde, soit une croyance soit une fréquence. Cela a divisé les Britanniques. Nombre d'entre eux, parmi lesquels Augustus De Morgan, William Stanley Jevons et Francis Edgeworth, étaient pour la croyance (De Morgan, 1981 ; Edgeworth [1887] 1996 ; Jevons [1874], (1958)). Quelques-uns, le plus important étant John Venn (Venn, 1888), étaient pour la fréquence. R. A. Fisher et Harold Jeffreys ont poursuivi le débat au XXe siècle (Fisher, 1922, 1925 ; Howie, 2002). Aucun des deux camps n'eut recours au principe de Cournot, et certains dans ce débat considéraient même que le théorème de Bernoulli n'était d'aucune utilité (Daston, 1994 ; Ellis, 1849).

Les Britanniques se sont tout de même parfois intéressés aux énigmes classiques sur les événements très improbables. Peut-on lancer une paire de dés mille fois en obtenant chaque fois des 6 ? Pourrait-on écrire les pièces de Shakespeare en tirant des lettres au hasard ? Ils résolurent pourtant ces questions en rappelant à leurs lecteurs que rare ne signifie pas impossible. Comme le disait Venn (Venn, 1888, p. 349), « on suppose communément à tort qu'une chose très peu probable ne se produira pas du tout ». Je n'ai pas encore trouvé, dans la période qui précède la Seconde Guerre mondiale, de réflexion de la part des Britanniques sur les points de vue français et russe à propos du principe de Cournot.

Avec les travaux de Francis Galton dans les années 1880, puis de Karl Pearson dans les années 1890 (Aldrich, 2003 ; Porter, 2004 ; Stigler, 1986), les Britanniques ont commencé à prendre la tête dans l'application et le développement des statistiques, tout en continuant à manifester aussi peu d'intérêt pour la théorie classique de la probabilité. L'un des aspects de cette évolution fut l'émergence des principes de la méthode des tests. Pour ceux qui, sur le continent, souscrivaient au principe de Cournot, aucun principe supplémentaire n'était nécessaire pour justifier le rejet d'une hypothèse probabiliste qui accorde une probabilité faible à un événement sélectionné par avance que l'on voit ensuite se produire (Bru, 1999). Dans la tradition britannique le problème de la significativité des tests fut considéré par la suite comme distinct de la signification de la probabilité elle-même (Fisher, 1925 ; Martin-Löf, 1975).

2.5. La philosophie allemande

Contrairement à la Grande-Bretagne, un nombre conséquent de travaux en mathématiques des probabilités ont été publiés en Allemagne durant les premières décennies du XXe siècle, le plus souvent en allemand par des auteurs scandinaves ou d'Europe de l'Est. Les Allemands étaient toutefois à l'avant-garde et opéraient déjà la division du travail à laquelle nous sommes habitués aujourd'hui entre les mathématiciens dont le rôle est de démontrer les théorèmes sur la probabilité d'une part et les philosophes (y compris les logiciens, les statisticiens et les scientifiques orientés vers la philosophie) qui analysent la signification de la probabilité. Les philosophes allemands n'accordaient pas un rôle central au principe de Cournot.

Il y eut de vifs débats en Allemagne comme en Grande-Bretagne à la fin du XIXe siècle et au début du XXe siècle sur la question du caractère objectif ou subjectif de la probabilité. Karl Friedrich Stumpf fut l'un des plus habiles défenseurs du subjectivisme (Stumpf, 1892), tandis que Johannes von Kries fut le chef de file des objectivistes (von Kries, 1886).

Parmi tous les philosophes allemands ayant travaillé sur la probabilité à la fin du XIXe siècle, von Kries est celui qui eut le plus de pertinence et d'influence. Dans ses *Principien der Wahrscheinlichkeitsrechnung*, parus en 1886, il rejette la philosophie de Laplace et celle des mathématiciens qui furent ses disciples. Comme le souligne von Kries, Laplace et ses disciples partirent d'un concept subjectif de la probabilité mais eurent ensuite recours à des observations pour valider des idées favorables aux probabilités objectives. Ils pensaient apparemment que les probabilités objectives existent et peuvent faire l'objet d'un raisonnement d'après le théorème de Bayes chaque fois que l'on dispose d'un grand nombre d'observations. Pour von Kries, cette loi absurde des grands nombres résultait du fait qu'on avait combiné le théorème de Bernoulli avec l'idée erronée de d'Alembert selon laquelle on peut négliger les probabilités faibles.

Von Kries pensait que les probabilités objectives existent parfois, mais seulement dans des conditions où on peut légitimement identifier des cas de probabilité égale. Selon lui, deux conditions sont requises :

• Chaque cas est le résultat d'un nombre identique de combinaisons possibles des circonstances, et cela demeure vrai lorsque l'on remonte aux circonstances antérieures qui sont à l'origine des circonstances présentes. En ce sens, la taille relative des cas est *naturelle*.

• Rien en dehors de ces circonstances n'affecte nos anticipations concernant ces cas. En ce sens, les *Spielräume*[1] sont *insensibles*.

Selon le *principe des Spielräume* de von Kries, on peut calculer les probabilités objectives à partir de cas équiprobables lorsque ces conditions sont remplies. Il considère que ce principe est analogue à celui de Kant selon lequel tout ce qui existe a une cause. Kant pense qu'il est impossible de raisonner sans le principe de la cause et de l'effet. Von Kries pense qu'on ne peut raisonner sur les probabilités objectives sans le principe des *Spielräume*.

Même lorsque la probabilité d'un événement est objective, von Kries n'accorde aucune légitimité à la loi des grands nombres. Il pense que le théorème de Bernoulli est valide, mais que la seule chose qu'il nous apprend, c'est qu'une déviation importante de la fréquence d'un événement par rapport à sa probabilité est tout aussi improbable que n'importe quel autre événement improbable, comme une longue série de succès par exemple. Ce qui se passe en réalité est une autre chose. On peut considérer ce différend entre Cournot et von Kries comme une simple querelle de mots. Dit-on qu'un événement ne se produira pas (Cournot), ou se contente-t-on de dire qu'il est aussi improbable qu'un autre événement dont on n'attend pas la réalisation (von Kries) ? Dans les deux cas, on fait comme

---

1. En allemand, *Spiel* signifie « jeu » et *Raum* (au pluriel *Räume*) « pièce » ou « espace ». Dans la plupart des contextes, *Spielraum* peut se traduire par « latitude » ou « marge de manœuvre ». Pour von Kries, le *Spielraum* de chaque cas était constitué par l'ensemble de toutes les combinaisons de circonstances dont il résulte.

s'il ne devait pas se produire. Cette querelle a des raisons d'être. Cournot veut faire une prédiction précise, car cela jette un pont entre la théorie de la probabilité et le monde des phénomènes – le monde réel, comme dirait celui qui n'a pas lu Kant. Von Kries pense qu'il a trouvé une autre manière de relier la théorie de la probabilité aux phénomènes.

La critique que fait von Kries de la certitude morale et de la loi des grands nombres fut largement acceptée en Allemagne (Kamlah, 1983). Dans un ouvrage important sur la probabilité, Emmanuel Czuber cite Bernoulli, d'Alembert, Buffon, et De Morgan comme défenseurs de la certitude morale et déclare qu'ils se trompent tous ; le concept de certitude morale, dit-il, va à l'encontre de l'idée fondamentale selon laquelle un événement dont la probabilité est infiniment petite peut quand même se produire (Cournot [1843], 1984, p. 15). Cela trouva un écho dans la pensée du philosophe Alexius Meinong (Meinong, 1915, p. 591).

Ce refus prudent d'exclure la réalisation d'événements dont la probabilité est très petite n'empêcha pas qu'on accepte l'idée qu'une probabilité nulle représente une impossibilité. À commencer par les travaux de Wiman sur les fractions continues en 1900, les mathématiciens de langue allemande ont cherché à montrer qu'il existe des ensembles de mesure nulle, et tout le monde comprit que ce que l'on voulait montrer, c'était que ces ensembles sont impossibles (Bernstein, 1912, p. 419). Cela laisse entrevoir un gouffre immense entre la probabilité nulle et la probabilité simplement faible. On ne ressent pas la présence de ce gouffre dans les écrits de Borel et de ses collègues français ; pour eux, l'infiniment petit n'était qu'une idéalisation du très petit.

Le principe des *Spielräume* de von Kries a fait long feu car personne ne sut comment l'utiliser. Son projet de fournir une justification kantienne à la distribution uniforme des probabilités est pourtant resté bien vivant dans la philosophie allemande des premières décennies du XXe siècle (Meinong, 1915 ; Reichenbach, 1916). John Maynard Keynes (Keynes, 1921) l'a importé en Angleterre, où on en trouve encore des échos, au point que lorsqu'on demande aux probabilistes d'aujourd'hui quel est le fondement philosophique de la théorie classique de la probabilité, ils pensent plutôt à des arguments qui évoquent une distribution uniforme des probabilités qu'au principe de Cournot.

2.6. La rupture

Les ravages causés par Hitler et Staline dans les années 1930 et 1940, puis par la Seconde Guerre mondiale ont perturbé et aussi détruit des individus, des familles et des nations. Cela a également interrompu des traditions intellectuelles. Dans le cas de la théorie de la probabilité, les traditions mathématiques et philosophiques qui s'étaient épanouies en Europe occidentale ont été remplacées par de nouveaux courants de pensée, souvent localisés en Union soviétique ou aux États-Unis. La suprématie en mathématiques est passée de Paris à Moscou, où le discours philosophique pouvait se révéler périlleux, et aux États-Unis, où il était souvent méprisé. Les traditions philosophiques des mathématiciens continentaux se sont éteintes à mesure que l'anglais devenait la langue dominante en philosophie des sciences, désormais plus influencée par les philosophes de langue allemande qui avaient fui l'Europe centrale que par les mathématiciens d'autres langues. Le principe de Cournot fut l'une des victimes de cette rupture.

Dans ses *Grundbegriffe der Wahrscheinlichkeitsrechnung*, publiés en 1933, Kolmogorov donne une interprétation fréquentiste de la probabilité qui repose sur le principe de Cournot. Il pose deux principes pour interpréter la probabilité ; selon le principe A, les fréquences approchent les probabilités au cours d'épreuves répétées, le principe B correspond à la forme forte du principe de Cournot qui s'applique à une épreuve unique. L'axiomatisation de la probabilité dans les *Grundbegriffe*, bien qu'elle n'ajoutât pas grand-chose aux formulations antérieures de Fréchet et d'autres (Shafer et Vovk, 2006), fut largement reconnue après la Seconde Guerre mondiale comme la fondation définitive des mathématiques de la probabilité. Pendant une période assez brève, il sembla que le prestige de Kolmogorov pourrait faire entrer à sa suite le principe de Cournot dans l'ère nouvelle. Harald Cramér reprit les deux principes de Kolmogorov dans son retentissant ouvrage, *Mathematical Methods in Statistics*, écrit pendant la guerre et publié en anglais en 1946. L'ouvrage de Hans Richter sur les probabilités paru en 1956, qui fit découvrir aux Allemands de l'Ouest la nouvelle approche de la probabilité mathématique, reconnaissait également le « Cournotsches Prinzip » comme fondement pour des applications. Cette façon de faire de la philosophie n'a cependant pas trouvé grâce aux yeux de la nouvelle génération de mathématiciens. Bien que le disciple de Kolmogorov, Y. Prokhorov, ait continué à parler du principe de Cournot dans les encyclopédies soviétiques (Prokhorov et Sevast'yanov, 1987), Boris Gnedenko n'en fait pas mention dans son ouvrage paru en 1950, intitulé *Курс теории вероятностей*, ni Michel Loève dans sa *Probability Theory*, publiée en 1955, et je ne l'ai trouvé dans aucun ouvrage sur la probabilité mathématique postérieur à celui de Richter.

Non seulement Kolmogorov prenait au sérieux les probabilistes français, mais il manifesta également de l'intérêt pour les débats sur la fondation des statistiques qui se déroulaient à l'Ouest après guerre (Kolmogorov, 1948). Malgré son immense prestige dans le monde des mathématiques, il veillait à ce que ses commentaires philosophiques soient brefs et secondaires par rapport à la théorie mathématique, et ses collègues soviétiques furent encore plus prudents (Anonyme, 1954 ; Kolmogorov, 1954 ; Kotz, 1965 ; Lorentz, 2002 ; Sheynin, 1996). Les probabilistes de Moscou furent reconnus et admirés à l'étranger en tant que formalistes, qui montraient au reste du monde que la probabilité mathématique n'avait pas à se préoccuper de problèmes de signification. Le formalisme étendit son emprise jusqu'en France avec la naissance de Bourbaki, un groupe de mathématiciens réformateurs qui regardaient souvent d'un mauvais œil la génération de mathématiciens dont Fréchet et Lévy étaient les chefs de file ainsi que la théorie de la probabilité elle-même (Brissaud, 2002 ; Bru, 2002).

Aux États-Unis, le mathématicien Joseph Doob a joué un rôle central en prolongeant le formalisme de Kolmogorov pour l'appliquer aux processus stochastiques continus. Dans le formalisme de Kolmogorov, on représente une expérience dont l'issue est aléatoire par son ensemble *E* d'issues possibles, accompagné d'un ensemble $\mathfrak{I}$ de sous-ensembles de *E* (la σ-*algèbre*) et d'une fonction à valeur réelle P sur $\mathfrak{I}$. Pour tout $A \in \mathfrak{I}$, P(*A*) est la probabilité de *A*, dont on suppose qu'elle approche la fréquence à laquelle l'issue tombe sur *A* au cours d'épreuves répétées. Dans une publication très importante sur les processus continus de Markov, publiée en 1931 (Kolmogorov, 1931), Kolmogorov s'était servi de cette théorie pour traiter des probabilités de transition – probabilités pour la valeur y_t d'un processus stochastique au temps t' conditionnelle à sa valeur y_t, où $t < t'$. Cette utilisation de la théorie entre dans le champ du Principe A de Kolmogorov (fréquence au cours d'épreuves répétées), du moins si on a la possibilité de lancer le processus à plusieurs reprises avec une valeur spécifique *y* quelconque, car la seule exigence posée par le fréquentisme de Kolmogorov était la possibilité que l'expérience soit répétée, et non sa répétition effective. Kolmogorov n'a pourtant jamais montré comment on pouvait utiliser son cadre pour décrire des probabilités concernant la suite temporelle complète ou la trajectoire $y = \{y_t\}$ avec $0 \leq t < \infty$. Autrement dit, il n'a pas défini de σ-*algèbre* utile $\mathfrak{I}$ pour le cas où *E* consiste en trajectoires possibles[1]. Cela nous pose un défi mathématique ainsi qu'une question philosophique, car, dans de nombreux cas, il n'est pas réaliste de parler de la répétition d'une série temporelle complète. On pense par exemple à l'indice Dow Jones quotidien depuis 1896 jusqu'à aujourd'hui ; on peut être tenté de penser que cette série de nombres est aléatoire, mais l'expérience nc peut être répétée[2].

1. Plus précisément, il ne l'a pas fait pour le cas du temps continu. Mais il a bien montré, au § I.6 des *Grundbegriffe*, comment construire une mesure de probabilité représentant une chaîne de Markov discrète.

2. Bien entendu, on aurait peine à trouver une expérience qui puisse être répétée à l'identique, car les chances varient toujours. Ce problème a toujours hanté la théorie de la probabilité depuis ses débuts avec Bernoulli (Bru, 2005).

Doob est reconnu pour avoir relevé ce défi mathématique ; il introduisit le concept de *filtration*, une séquence $\{\Im_t\}$ de σ-*algèbres* dans un processus croissant, reflétant l'accroissement des connaissances à mesure qu'on voit se réaliser les valeurs de la période qui étaient non encore réalisées et il généralisa le concept kolmogorovien d'espérance conditionnelle d'une variable qui en reçoit une nouvelle au concept d'espérance assignée à chaque $\Im_t$. Qu'en est-il du problème philosophique ? Si une suite temporelle ne peut être répétée, alors il est impossible d'interpréter la probabilité d'une propriété de la suite temporelle comme la fréquence à laquelle cette propriété se réalise. Comment alors l'interpréter ? Une des réponses nous est donnée par l'histoire que j'ai retracée. Kolmogorov n'avait pas réellement besoin à la fois du Principe A (interprétation fréquentiste) et du Principe B (principe de Cournot), car on peut déduire le Principe A du Principe B lorsqu'on a des épreuves répétées (théorème de Bernoulli). Il n'avait besoin que du principe de Cournot, et cela est valable même pour le cas où il n'y a qu'une seule épreuve. Il nous apprend que la signification de la mesure de probabilité P réside dans la prédiction qu'une propriété à laquelle P confère une très petite probabilité ne se produira pas. C'est en fait la manière dont on teste une mesure de probabilité hypothétique dans un processus stochastique.

S'il avait été collègue de Paul Lévy, vivant dans un Paris qu'Hitler n'aurait pas ravagé, Doob aurait peut-être opté pour cette solution, mais il était états-unien. C'était un pragmatiste qui vivait dans un monde bien différent de celui de Lévy ou de Kolmogorov. Ayant lui-même travaillé comme statisticien, Doob pensait qu'on pouvait laisser l'application de la théorie mathématique au praticien. Au cours d'un débat à Dartmouth en 1940, il déclara en effet à von Mises que le praticien devait avoir recours à « un mélange judicieux d'expériences et de raison fondée sur la théorie et sur l'expérience » (Doob, 1941, p. 209). Il est inutile que le philosophe explique au praticien comment utiliser le formalisme du mathématicien.

L'attitude de Doob n'a pas empêché les philosophes de tenir un discours sur la probabilité. Comme je l'ai déjà mentionné, la philosophie de langue anglaise réfléchissant sur la probabilité après la Seconde Guerre mondiale, était toutefois dominée par des traditions qui s'étaient développées en langues anglaise et allemande. Rudolf Carnap, Hans Reichenbach et Richard von Mises s'étaient tous installés aux États-Unis à la veille de la guerre et avaient publié en anglais des traités sur la probabilité qui ne mentionnaient pas le principe de Cournot (Carnap, 1950 ; Reichenbach, 1949 ; von Mises, 1928).

Du fait que les mathématiciens mettaient l'accent sur le caractère formel des axiomes de Kolmogorov, l'unique consensus qui put émerger au sein de la philosophie de la probabilité de langue anglaise après guerre se fit sur l'idée qu'il existe de nombreuses interprétations du calcul des probabilités. Cette idée fut pour la première fois formulée en rapport avec le nouveau formalisme de la théorie des mesures en 1939 par Ernst Nagel, qui proposa neuf interprétations différentes, y compris de multiples versions des ennemis héréditaires des traditions anglaise et allemande : croyance et fréquence (Nagel, 1939, p. 40-41).

Dans ce contexte, où le principe de Cournot s'effaçait peu à peu, le seul qui se donna la peine de lancer contre lui une attaque en règle fut le subjectiviste Bruno De Finetti. De Finetti était présent à la conférence de Paris en 1949 lors de laquelle Fréchet donna son nom au principe, et il est peut-être le premier qui l'utilisa en anglais pour condamner ce « soi-disant principe de Cournot » (De Finetti, 1951). Il n'était pas totalement en désaccord avec l'idée que l'on devrait faire comme si un événement dont la probabilité est infime devait ne pas se produire. Il voyait en ce principe une tautologie, une conséquence de la définition subjective de la probabilité, et non un principe indépendant de la théorie de la probabilité qui la mettrait en rapport avec le monde (De Finetti, 1955, p. 235 ; Dawid, 2004).

Le seul philosophe de premier plan qui, après guerre, aurait pu défendre le principe de Cournot est Karl Popper. Il disait en effet que toutes les théories scientifiques établissent un lien avec la réalité dans la mesure où elles fournissent des occasions de falsifier les choses. Le principe de Cournot nous enseigne comment dénicher cette occasion dans un modèle de probabilité : sélectionnez un événement dont la probabilité est infime et voyez s'il se réalise. Popper était bien disposé à l'égard du principe de Cournot ; cela se manifeste clairement dès 1935 dans son célèbre ouvrage intitulé *Logik der Forschung* (Popper, 1935, § 68). Le tableau est terni à cause de son ambition de jeune homme qui le poussait à vouloir axiomatiser la probabilité (Popper, 1938) et de ses tentatives ultérieures pour dire quelque chose d'original sur la propension (Popper, 1959). Dans *Realism and the Aim of Science* en 1983, il mentionne en passant le principe de Cournot et propose en quelque sorte de le remplacer par un théorème (*sic*) de Doob sur la futilité des jeux (Popper, 1983, p. 379). Voilà précisément ce que je me propose de faire à présent, donner au principe de Cournot un nouveau rôle, celui de principe sur la futilité des jeux ; mais je ne peux pour cela m'appuyer sur l'autorité de Popper, car il semble qu'il n'ait jamais pris la mesure de l'importance historique du principe ni de sa capacité à durer.

3. LE PRINCIPE DE COURNOT DANS LE CADRE DE LA THÉORIE DES JEUX

Comme je l'ai expliqué précédemment, Shafer et Vovk (Shafer et Vovk, 2001) reprennent le principe de Cournot sous une forme propre à la théorie des jeux : une stratégie consistant à placer des paris sans risque de banqueroute ne multipliera pas le capital du parieur par un facteur important ou infini. Dans le cas où le parieur peut acheter ou vendre une variable aléatoire quelconque à sa valeur anticipée, on a l'équivalent de la forme classique du principe ; Jean Ville a démontré cette équivalence en 1939 (Ville, 1939). Le principe de la théorie des jeux peut également s'appliquer à des marchés réels où seuls certains profits sont valorisés.

Dans cette partie, je traiterai de certaines implications du principe de la théorie des jeux. Après être revenu sur le théorème de Ville (3.1), je fais le bilan de la contribution essentielle de Shafer et Vovk (2001) qui fut de montrer comment le principe de la théorie des jeux s'étend des jeux de probabilité classique à des jeux plus généraux, et de généraliser en conséquence les théorèmes limites classiques (3.2 et 3.3). Je me tourne ensuite vers des travaux plus récents qui montrent qu'on peut établir de bonnes prévisions en utilisant un test quasi universel comme faire-valoir (3.4 et 3.5). Les implications de cela vont très loin en ce qui concerne l'interprétation de la probabilité, la pratique des statistiques ainsi que notre compréhension des marchés. J'observe certaines de ces implications pour les marchés en 3.6.

3.1. Théorème de Ville

Considérons une séquence Y_1, Y_2, ... de variables aléatoires binaires avec une loi de probabilité conjointe P. Supposons, par souci de simplicité, que P assigne à toute séquence finie $y_1, \ldots, y_n$ de 0 et de 1 une probabilité positive, de sorte que ses probabilités conditionnelles pour Y_n valeurs données des variables précédentes sont toujours clairement définies de manière non ambiguë. Avec Jean Ville (Ville, 1939), considérons un joueur qui commence avec 1 \$ et qui a la possibilité de parier comme il veut à chaque tour, à condition qu'il ne risque pas la banqueroute. On peut formaliser cela avec le protocole suivant où un pari sur Y_n est représenté comme l'achat d'un nombre s_n (qui peut être nul ou négatif) de tickets qui coûtent $\$P\{Y_n = 1 | Y_1 = y_1, \ldots, Y_{n-1} - y_{n-1}\}$ et rapportent $\$Y_n$.

PROTOCOLE DE PROBABILITÉ BINAIRE
Joueurs : Réaliste et Sceptique
Protocole :
$K_0 := 1$.
Pour $n = 1, 2, \ldots$:

Sceptique annonce $s_n \in \Re$
Réaliste annonce y_n $\{0, 1\}$.
$\kappa_n := \kappa_{n-1} + s_n\,(y_n - \mathrm{P}\{Y_n = 1 | Y_1 = y_1, \ldots, Y_{n-1} = y_{n-1}\})$.

Restriction sur Sceptique : Sceptique doit choisir s_n de sorte que son capital soit toujours positif ou nul ($K_n \geq 0$ pour tout n) quelles que soient les actions de Réaliste.

Il s'agit ici d'un protocole de jeu séquentiel à information parfaite ; les actions se déroulent selon l'ordre prévu et chaque joueur voit les actions de l'autre joueur au moment où elles sont réalisées. La séquence K_0, K_1,... est le capital processus de Sceptique.

Ville a montré que, dans ce protocole, l'enrichissement de Sceptique équivaut à la réalisation d'un événement de petite probabilité, au sens où :

1. Lorsque Sceptique adopte une stratégie mesurable (règle qui donne s_n comme fonction de $y_1, \ldots, y_{n-1}$),

$$\mathrm{P}\{\frac{\sup}{n} K_n \geq \frac{1}{\varepsilon}\} \leq \varepsilon \qquad (1)$$

pour tout $\varepsilon > 0$. (Cela est dû au fait que le capital processus K_0, K_1, ... est une martingale positive ou nulle ; l'équation (1) est parfois appelée *inégalité de Doob*.)

2. Si A est un sous-ensemble mesurable de $\{0, 1\}^\infty$ avec $\mathrm{P}(A) \leq \varepsilon$, alors Sceptique a une stratégie mesurable qui garantit

$$\liminf_{n\to\infty} K_n \geq \frac{1}{\varepsilon}$$

lorsque $(y_1, y_2, \ldots) \in A$.

On peut résumer ces résultats en disant que la possibilité pour Sceptique de multiplier son capital par un facteur de $1/\varepsilon$ ou plus équivaut à la réalisation d'un événement de probabilité ε ou inférieure.

Bien que Ville ait développé sa théorie pour le seul cas binaire, il en a souligné le caractère général. Elle s'applique au protocole plus général suivant où les prix sont des valeurs anticipées conditionnelles normales pour une distribution de probabilité conjointe P pour une séquence de variables aléatoires $Y_1, Y_2, \ldots$:

PROTOCOLE DE PROBABILITÉ
Joueurs : Réaliste, Sceptique
Protocole :
$K_0 := 1$.
Pour $n = 1, 2, \ldots$:
Sceptique annonce $s_n : \mathcal{R} \in \mathcal{R}$ de sorte que $\mathrm{E}(s_n(Y_n) \in Y_1 = y_1, \ldots, y_{n-1} = y_{n-1})$ existe.
Réaliste annonce $y_n \in \mathcal{R}$
$K_n := K_{n-1} + s_n(y_n) - \mathrm{E}(s_n(Y_n) \in Y_1 = y_1, \ldots, Y_{n-1} = y_{n-1})$.

Restriction sur Sceptique : Sceptique doit choisir s_n de sorte que son capital soit toujours positif ou nul ($K_n \geq 0$ pour tout n) quelles que soient les actions de Réaliste.

Ici, Sceptique peut acheter n'importe quelle fonction mesurable de Y_n au énième tour à sa valeur anticipée conditionnelle, pourvu que cette valeur anticipée existe. Dans ce protocole général, comme dans le protocole binaire, on a une probabilité égale ou inférieure à ε pour que le capital processus d'une stratégie donnée atteigne $1/\varepsilon$ fois sa valeur initiale, et une probabilité nulle qu'il dévie à l'infini. Inversement, pour tout événement de probabilité inférieure à ε, il existe une stratégie dont le capital processus atteint $1/\varepsilon$ fois sa valeur initiale si l'événement se réalise, et pour tout événement de probabilité nulle, il existe une stratégie dont le processus capital dévie à l'infini si l'événement se produit (Shafer et Vovk, 2002).

À la lumière de ces résultats, on peut exprimer le principe de Cournot, à la fois dans sa version finitaire et dans sa version infinitaire, en termes de théorie des jeux :

Principe finitaire. Au lieu de dire qu'un événement de petite probabilité sélectionné à l'avance ne se produira pas, on dit qu'une stratégie choisie par Sceptique, si elle évite tout risque de banqueroute, ne multipliera pas son capital par un facteur important.

Principe infinitaire. Au lieu de dire qu'un événement de probabilité nulle sélectionné à l'avance ne se produira pas, on dit qu'une stratégie, choisie par Sceptique, si elle évite tout risque de banqueroute, ne le rendra pas infiniment riche.

Comme on le verra bientôt, les principes de la théorie des jeux peuvent servir dans des protocoles plus généraux, où les prix sont limités et ne sont pas nécessairement liés à une mesure de probabilité significative pour les actions de Réaliste.

C'est la notion de collectif de von Mises (von Mises, 1919, 1928, 1931) qui a été à l'origine des travaux de Ville. Von Mises avait posé qu'une séquence y_1, y_2, ... de 0 et de 1 serait dite aléatoire si aucune sous-séquence avec une fréquence de 1 différente puisse être choisie par un joueur à qui les y sont présentés de manière séquentielle ; von Mises eut l'intuition que cette condition empêcherait le joueur de s'enrichir en décidant à quel moment parier. Ville a démontré que la condition de von Mises était insuffisante, dans la mesure où elle n'excluait pas le cas où le joueur s'enrichisse en variant la direction et le montant du pari.

Ville fut le premier à utiliser le concept de martingale comme outil dans le calcul des probabilités. Il considérait la martingale comme une stratégie pour le joueur que j'ai appelé Sceptique. Partant de là, il s'est aussi mis à utiliser ce terme pour le capital actualisé du joueur, car une fois que le capital initial est fixé, les stratégies et les capitaux actualisés sont en correspondance bijective. Empruntant le concept à Ville (Doob, 1940, 1941, 1949), Doob le rendit apparemment plus propre à un usage général en le débarrassant de cette histoire de pari ; pour lui, une martingale était une simple séquence K_1, K_2, ... de variables aléatoires telle que

$$E(K_{n+1}/K_1 = k_1, \ldots, K_n = k_n) = k_n.$$

Dans la formule que Doob donna ultérieurement [1953], et qui fait aujourd'hui autorité dans le théorie des processus stochastiques et dans la théorie de la finance, on commence par une filtration $\mathcal{F}_1 \subseteq \mathcal{F}_2 \subseteq \ldots$ dans un espace de probabilité (P, Ω, $\mathcal{F}$), et on dit que des variables aléatoires K_1, K_2, … forment une martingale si K_n est mesurable par rapport à $\mathcal{F}_n$ et

$$E(K_{n+1}/\mathcal{F}_n) = K_n$$

pour tout n.

3.2. Cadre de la théorie des jeux

Le cadre de Shafer et Vovk (2001) revient sur la théorie des jeux que Ville applique à la théorie de la probabilité classique et la généralise. Cette généralisation comporte trois aspects :

• Au lieu de commencer avec une mesure de probabilité et d'utiliser ses probabilités conditionnelles ou valeurs anticipées comme prix à chaque tour, on laisse un autre joueur, Prévisionniste, fixer les prix pendant le déroulement du jeu. Cela donne au cadre un tour « préquentiel » (Dawid, 1984) ; il n'est pas nécessaire de spécifier quel serait le prix au énième tour si Réaliste avait joué différemment lors des tours précédents.

• Lorsque cela est opportun, on donne des informations complémentaires explicites, disons x_n, que Réaliste fournit à Prévisionniste et à Sceptique avant qu'ils jouent leur énième coup.

• On admet que l'histoire est multidimensionnelle, Réaliste jouant plusieurs coups et Prévisionniste les valorisant tous.

Le protocole suivant nous fournit un niveau de généralité qui convient à notre discussion présente : R est un espace euclidien de dimension k, Y est un sous-ensemble de R^k, et X est un ensemble quelconque.

PROTOCOLE DE PRÉVISON LINÉAIRE
Joueurs : Réaliste, Prévisionniste, Sceptique
Protocole :
$K_0 := 1$.
Pour $n = 1, 2, \ldots, N$:

Réaliste annonce $x_n \in X$.
Prévisionniste annonce $f_n \in \mathcal{R}^k$.
Sceptique annonce $s_n \in \mathcal{R}^k$
Réaliste annonce $y_n \in Y$.
$K_n := K_{n-1} + s_n \cdot (y_n - f_n)$.

Restriction sur Sceptique : Sceptique doit choisir s_n de sorte que son capital reste toujours positif ou nul ($K_n \geq 0$ pour tout n) quelles que soient les actions des autres joueurs.

Ici $s_n \cdot (y_n - f_n)$ est le produit scalaire des vecteurs de dimension k s_n et $y_n - f_n$. Notons également que le jeu s'arrête au énième tour plutôt que de continuer indéfiniment. Cette hypothèse est commode dans cette partie où nous mettons en avant le modèle finitaire ; nous reviendrons sur le modèle infinitaire plus tard.

Le protocole de prévision linéaire couvre de nombreux problèmes de prédictions propres aux statistiques (où x et y sont souvent appelés variable *indépendante* et variable *dépendante* respectivement) et à l'apprentissage des machines (où x est l'*objet* et y l'*étiquette*). On peut inclure les jeux de marché en prenant f_n comme vecteur de prix à l'ouverture et y_n le vecteur correspondant des prix à la clôture pour une énième session d'échange.

Dans le protocole de prévision linéaire, une stratégie pour Sceptique est une règle qui donne chacune de ses actions s_n comme fonction des actions précédentes de Réaliste et de Prévisionniste, $(x_1, f_1, y_1), \ldots, (x_{n-1}, f_{n-1}, y_{n-1}), x_n, f_n$. Pour Prévisionniste, une stratégie est une règle qui donne chacune de ses actions f_n comme fonction des actions précédentes de Réaliste et de Sceptique, $(x_1, s_1, y_1), \ldots, (x_{n-1}, s_{n-1}, y_{n-1}), x_n$. Une façon de prescrire une stratégie pour Prévisionniste est de choisir une distribution de probabilité pour $(x_1, y_1), (x_2, y_2), \ldots$ et de poser f_n égale à la valeur anticipée conditionnelle de y_n notée $(x_1, y_1), \ldots, (x_{n-1}, y_{n-1}), x_n$. Nous étudierons d'autres stratégies intéressantes pour Prévisionniste en 3.5.

Comment peut-on exprimer la confiance en Prévisionniste ? La manière la plus naturelle de le faire est de poser le principe de Cournot : mettons qu'une stratégie légale pour Sceptique (celle qui évite $K_n < 0$ quelles que soient les actions des autres joueurs) ne multipliera pas le capital initial de Sceptique par un facteur important.

Une fois que l'on a adopté le principe de Cournot sous cette forme, il est naturel de hiérarchiser les implications de notre confiance en Prévisionniste de la même manière que nous le faisons en probabilité classique. C'est-à-dire que l'on traite un événement qui ne se produit que lorsqu'une stratégie légale spécifiée multiplie le capital par $1/\varepsilon$ comme n'étant pas plus probable qu'un événement de probabilité ε.

Pour formaliser cela, considérons une séquence possible d'actions de Réaliste et de Prévisionniste,

$$(x_1, f_1, y_1), \ldots, (x_N, f_N, y_N). \qquad (2)$$

L'espace de toutes les séquences de ce type, $\{X \times \mathcal{R}^k \times Y\}^N$, est l'*espace échantillon* de notre protocole, et l'un de ses sous-ensembles est un *événement*. La *probabilité haute* d'un événement E est

$\overline{p}E$: = inf{ε. Sceptique a une stratégie qui garantit que $K_N \geq 1/$ ε si
Prévisionniste et Réaliste satisfont E et $K_N \geq 0$ par ailleurs}.

En gros, $\overline{p}E$ est le plus petit ε tel que Sceptique puisse multiplier son capital par $1/\varepsilon$ si E se produit sans risque de banqueroute si E échoue. Lorsque $\overline{p}E$ est petite, on dit que E est *moralement impossible*.

La *probabilité basse* d'un événement E cst

$$\underline{P}E = 1 - \overline{p}E^c,$$

où E^c est le complément de E relativement à l'espace échantillon. Lorsque $\underline{P}(E)$ est proche de 1, on dit que E est *moralement certain*.

Comme dans les probabilités classiques, on peut combiner le principe de Cournot avec une forme du théorème de Bernoulli pour obtenir un énoncé sur la fréquence relative dans une longue série d'événements. Dans une série suffisamment longue d'événements dont la probabilité haute est de 0.1 ou moins, par exemple, il est moralement certain que pas plus de 10 % environ des événements se produiront (Shafer et Vovk, 2002, § 5.3). Il s'agit d'un résultat de type martingale ; plutôt que d'insister sur le fait que les événements sont en quelque sorte indépendants, on considère que la probabilité haute pour chaque événement se calcule au moment du jeu où l'événement précédent est liquidé.

3.3. Extension des théorèmes limites classiques

L'une des contributions essentielles de Shafer et Vovk (2001) a été de montrer que la théorie des jeux pouvait remplacer la théorie des mesures comme fondation pour la probabilité classique.

Nous avons montré notamment que les théorèmes limites classiques, en particulier la loi des grands nombres sous sa forme forte et la loi des logarithmes itérés, pouvaient être démontrés de manière constructive dans le strict cadre de la théorie des jeux. Les travaux de Ville nous ont appris que pour tout événement de probabilité nulle, il existe une stratégie permettant à Sceptique d'éviter la banqueroute à coup sûr et d'accroître ses gains à l'infini si l'événement échoue. L'élaboration de la stratégie est un autre problème. Pour le cas des événements de probabilité nulle associés aux théorèmes classiques, nous avons élaboré les stratégies adéquates ; elles sont calculables et continues.

Nous avons proposé des constructions similaires pour des résultats classiques qui ne nécessitent pas un nombre infini de tours dans un jeu pour devenir significatifs : la loi des grands nombres sous sa forme faible, les versions finitaires de la loi du logarithme itéré et le théorème de la limite centrale. Dans la théorie des jeux, le théorème de la limite centrale donne les conditions dans lesquelles les probabilités hautes et basses pour la valeur d'une moyenne d'un grand nombre d'issues coïncideront approximativement et seront approximativement équivalentes aux probabilités normales calculées à partir de la distribution normale.

Les résultats de la théorie des jeux sont plus convaincants que ceux obtenus par la théorie des mesures pour les raisons que j'ai énoncées au début de 3.2 : les prix peuvent être fournis par Prévisionniste (un prévisionniste réel ou un marché) plutôt que par une distribution de probabilité connue à l'avance, et Prévisionniste ainsi que Sceptique peuvent utiliser l'information *x* qui elle-même n'est pas prisée ni probabilisée. De plus, de nouveaux résultats émergent lorsque l'on restreint les paris d'une manière quelconque. On a un nouveau théorème de la limite centrale unilatéral si Prévisionniste ne fait que des offres de pari unilatérales (Shafer et Vovk, 2001, chapitre 5), et on peut établir des lois des grands nombres à propos des cours du marché (Shafer et Vovk, 2001, chapitre 15).

3.4. Existe-t-il un test universel ?

Pour la probabilité telle que la formalise la théorie des mesures, il est axiomatique que l'union d'un nombre quantifiable d'événements de probabilité nulle a elle-même une probabilité nulle. Au début du XXe siècle, les réticences autour de cet axiome furent considérables. Même Émile Borel, qui l'introduisit dans les probabilités, n'était pas à l'aise vis-à-vis de lui. Maurice Fréchet et Bruno De Finetti ont eu des discussions à son propos (De Finetti, 1930 ; Fréchet, 1930). La plupart des mathématiciens ont fini par l'adopter car il est utile (pour démontrer les théorèmes des limites, par exemple) et apparemment inoffensif. Étant donné qu'on ne peut observer qu'un nombre fini d'événements, une hypothèse sur les séries infinies d'événements n'étant pas vérifiable, elle ne devrait pas nous causer beaucoup de torts (Kolmogorov, 1933, p. 14).

Une fois qu'on eut accepté de manière à peu près universelle l'additivité dénombrable de la probabilité, il parut naturel de discuter les tests statistiques universels. Imaginons que l'on puisse observer une séquence infinie de variables aléatoires Y_1, Y_2, ..., alors tout sous-ensemble de $\mathcal{R}^\infty$ auquel on assigne une probabilité nulle selon une mesure de probabilité P sur $\mathcal{R}^\infty$ définit un test de l'hypothèse selon laquelle P est la distribution de probabilité conjointe pour Y_1, Y_2, ... Étant donné que l'on ne dispose que d'un nombre fini de symboles mathématiques et logiques et que nous ne pouvons les utiliser que dans un nombre calculable de combinaisons, on ne peut définir au mieux qu'un nombre calculable de sous-ensembles $\mathcal{R}^\infty$ de mesure nulle. Leur union, soit E, semble définir un test universel : on peut rejeter P si et seulement si la séquence observée y_1, y_2, ... tombe en E. Cette idée fut avancée par Abraham Wald dans les années 1930, pour défendre von Mises et Ville qui avaient proposé de recourir à toute une batterie de tests pour définir le caractère aléatoire de séquences (Wald, 1936, 1937, 1938 ; De Finetti, p. 15-16). Elle trouva sa forme définitive dans les probabilités de la théorie des mesures en 1966 avec Per Martin-Löf, qui démontra l'existence de ce qu'il appelait des tests universels de stochasticité (Martin-Löf, 1966-1967). Plus récemment, on a élaboré ce concept dans la théorie de la complexité algorithmique (Li et Vitányi, 1997, § 2.5).

La thèse selon laquelle on peut trouver un test universel paraît moins plausible lorsqu'on abandonne le modèle infinitaire pour le modèle finitaire plus réaliste, où le test est fait avec des événements de probabilité faible plutôt qu'avec des événements de probabilité nulle. Si l'on considère deux événements E_1 et E_2 dont la probabilité est si petite qu'ils sont moralement impossibles, on dira sans doute que leur disjonction $E_1 \cup E_2$ est également moralement impossible, car la somme de deux nombres petits est également petite, même si elle n'est pas tout à fait aussi petite[1]. Nous ne pouvons cependant

1. Kolmogorov a dit la même chose sous la forme suivante : si deux événements sont tous deux pratiquement certains, alors leur réalisation simultanée est également pratiquement certaine, mais pas tout à fait autant (Kolmogorov, 1933, p. 4-5). Avec le déclin du principe de Cournot, cette idée a semblé de plus en plus paradoxale, comme dans le « paradoxe de la loterie » de Kyburg (Kyburg, 1961).

escompter que la somme d'un grand nombre de petits nombres soit elle-même petite, de sorte qu'on ne peut affirmer que l'union d'un grand nombre d'événements moralement impossibles est toujours moralement impossible.

La situation est la même en théorie des jeux. Dans ce cadre, ce que l'on teste n'est pas une distribution de probabilité mais l'hypothèse que Prévisionniste est un bon prévisionniste. Le test pour Sceptique n'est pas un événement de faible probabilité mais une stratégie qui permet à Sceptique de ne pas courir le risque de perdre. Nous rejetons l'hypothèse lorsque la stratégie procure assez d'argent à Sceptique (en quantité infinie ou largement plus grande que la quantité initiale). On combine les tests, non pas en prenant des sommes d'événements, mais en faisant la moyenne des stratégies.

Supposons, comme d'ordinaire, que Sceptique commence avec 1, et supposons par ailleurs que S_1 et S_2 sont des stratégies sans risque pour Sceptique. Alors $(S_1 + S_2)/2$ est sans risque, et nous pouvons donc dire la chose suivante :

Cas infinitaire : si S_1 ou S_2 apporte à Sceptique des gains infinis, alors $(S_1 + S_2)/2$ lui apportera également des gains infinis.

Cas finitaire : si S_1 ou S_2 fait passer le capital de Sceptique de 1 à un nombre considérable C, alors $(S_1 + S_2)/2$ le fera également augmenter considérablement, au moins jusqu'à $C/2$.

Cela est analogue à la façon dont le test avec recours à $E_1 \cup E_2$ est équivalent au test avec recours à E_1 ou E_2. Dans le cas infinitaire, on peut combiner deux tests parfaitement et obtenir un test qui rejette celui de Prévisionniste si l'un des deux tests distincts rejette. Dans le cas finitaire, la combinaison n'est pas aussi parfaite ; le test qui résulte de la combinaison rejette bien si l'un des deux tests rejette, mais peut-être pas aussi nettement.

Lorsqu'on y regarde de plus près, cependant, l'approche de la théorie des jeux nous apporte des éclaircissements supplémentaires.

Considérons d'abord le cas infinitaire. Selon l'approche de la théorie des mesures inaugurée par Borel, Fréchet et Kolmogorov, on utilise l'additivité dénombrable pour démontrer des théorèmes de la limite comme la loi des grands nombres. Selon l'approche de la théorie des jeux, on ne dispose d'aucun axiome général arbitraire de ce type, mais il existe un moyen évident pour tenter de combiner un nombre calculable de stratégies $S_1, S_2, \ldots$ On essaie d'élaborer une stratégie S en prenant la combinaison linéaire de ces stratégies avec des coefficients positifs $\alpha_1, \alpha_2, \ldots$ qui s'ajoutent à 1. Cela signifie que l'action de S dans la situation $(x_1, f_1, y_1), \ldots, (x_{n-1}, f_{n-1}, y_{n-1}), x_n, f_n$ devrait se noter

$$S((x_1, f_1, y_1), \ldots, (x_{n-1}, f_{n-1}, y_{n-1}), x_n, f_n)$$
$$= \sum_{j=1}^{\infty} \alpha_j \, S_j((x_1, f_1, y_1), \ldots, (x_{n-1}, f_{n-1}, y_{n-1}), x_n, f_n). \qquad (3)$$

Il s'avère que cela fonctionne pour les stratégies qu'il nous faut combiner pour démontrer les théorèmes limites classiques (voir par exemple Shafer et Vovk, 2001, p. 67), mais cela ne fonctionne pas pour les stratégies arbitraires $S_1, S_2, \ldots$ dans des instances arbitraires du protocole de prévision linéaire, car il n'existe aucune garantie que le côté droit de (3) convergera. Dans une certaine mesure, cela conforte les adversaires de l'additivité dénombrable. L'axiome général s'avère non nécessaire en fin de compte.

Les nouvelles perspectives fournies par la théorie des jeux dans le cas finitaire sont plus compliquées à expliquer mais aussi plus importantes. En fait, les écarts entre les prévisions f_n et les issues y_n que nous voulons tester sont relativement limités. Pour le vérifier, revenons à la prévision de probabilité binaire :

PROTOCOLE DE PROBABILITÉ BINAIRE AVEC PRÉVISIONNISTE ET OBJETS

Joueurs : Réaliste, Prévisionniste, Sceptique

Protocole :

$K_0 := 1$.

POUR $n = 1, 2, \ldots$:

Réaliste annonce $x_n \in X$
Prévisionniste annonce $p_n \in [0,1]$
Sceptique annonce $s_n \in \mathfrak{R}$
Réaliste annonce $y_n \in \{0, 1\}$
$K_n = K_{n-1} + s_n (y_n - p_n)$

Restriction sur Sceptique : Sceptique doit choisir s_n de sorte que son capital soit toujours positif ou nul ($K_n \geq 0$ pour tout n) quelles que soient les actions des autres joueurs.

Dans ce protocole, où Prévisionniste donne une probabilité p_n à chaque tour, en prenant en compte les issues précédentes $y_1, \ldots, y_{n-1}$ et l'information annexe $x_1, \ldots, x_n$, on s'intéresse essentiellement à deux aspects de la coïncidence entre les probabilités p_n et les issues y_n :

Étalonnage : Chaque fois qu'au cours d'un grand nombre de parties, p_n est proche d'une probabilité fixée p^*, il faut que la fréquence à laquelle $y_n = 1$ au cours de ces parties soit approximativement égale à p^*.

Résolution : On veut que cette égalité approximative entre fréquence et p^* demeure vraie quand on ne considère que les parties où p_n est proche de p^* et où par ailleurs x_n est proche d'une valeur fixée x^* dans l'espace objet X.

Il s'avère (Vovk, Takemura et Shafer, 2005) qu'il est souvent possible de faire la moyenne des stratégies qui rejettent la performance de Prévisionniste sur une grille de valeurs de (x^*, p^*) suffisamment denses pour capturer toutes les divergences d'intérêt pratique. Cette stratégie moyenne, qui teste l'étalonnage et la résolution, ne testera pas nécessairement pour des cas de divergences plus subtiles de $y_1, y_2, \ldots$ par rapport aux prévisions $p_1, p_2, \ldots$, comme celles qu'on associe à la loi du logarithme itéré ou à la réfutation de la théorie de von Mises par Ville, mais ces divergences subtiles n'ont peut-être pas grand intérêt. Ainsi, on peut considérer la stratégie moyenne, à des fins pratiques, comme un test universel. Pour éviter les confusions, je l'appellerai *stratégie quasi universelle*.

3.5. Prévision défensive

Dans les cas où l'on a une stratégie quasi universelle, une nouvelle perspective s'ouvre à Prévisionniste. Prévisionniste s'en sortira plutôt bien s'il peut éviter de se faire rejeter par cette stratégie. Formellement, il lui faut une stratégie gagnante dans une version du jeu où Sceptique doit suivre la stratégie quasi universelle tandis que Réaliste peut jouer à sa guise. Prévisionniste est-il en possession d'une telle stratégie gagnante ? Pour surprenante qu'elle soit, la réponse est oui.

Le cas où il est le plus facile de le constater est celui où la stratégie quasi universelle donne, pour la énième partie, une action qui est continue dans la prévision p_n. En fait, il ne s'agit pas là d'une exigence exorbitante. On peut élaborer des stratégies quasi universelles pour l'étalonnage et la résolution qui sont continues à cet égard, et il existe même un argument philosophique qui exclut toute stratégie discontinue pour Sceptique : les fonctions discontinues ne sont pas vraiment calculables (Brouwer, 1918 ; Martin-Löf, 1970).

En réalité, on peut facilement démontrer que pour toute stratégie continue de prévision pour Sceptique, il existe une stratégie pour Prévisionniste qui ne permet pas au capital de Sceptique de s'accroître, indépendamment de ce que fait Réaliste. Permettez-moi de rappeler la preuve toute simple donnée dans Vovk, Nouretdinov, Takemura et Shafer (2005) et Vovk, Takemura et Shafer (2005). On commence par simplifier de sorte que la tâche de Prévisionniste semble être encore un peu plus compliquée. Au lieu d'exiger que la stratégie continue de prévision complète, qui est celle de Sceptique, soit annoncée au début du jeu, on demande simplement à Sceptique d'annoncer sa stratégie à chaque partie avant le tour de Prévisionniste. Et on abandonne la restriction qui veut que Sceptique évite le risque de banqueroute. Cela donne le protocole suivant :

PRÉVISION BINAIRE CONTRE TESTS CONTINUS
Joueurs : Réaliste, Prévisionniste, Sceptique
Protocole :
$K_0 := 1$.
POUR $n = 1, 2, \ldots$.
Réaliste annonce $x_n \in X$.
Sceptique annonce $S_n : [0, 1] \to \mathcal{R}$
Prévisionniste annonce $p_n \in [0, 1]$.
Réaliste annonce $y_n \in \{0, 1\}$.
$K_n := K_{n-1} + S_n(p_n)(y_n - p_n)$.

S_n représente ici la stratégie de Sceptique à la énième partie ; elle donne son coup comme une fonction du coup p_n non-encore annoncé de Prévisionniste.

Théorème 1 : Prévisionniste a une stratégie qui garantit que $K_0 \geq K_1 \geq K_2 \geq \ldots$.

Preuve : S_n étant continue, Prévisionniste peut suivre la stratégie suivante :

• si la fonction $S_n(p)$ prend la valeur 0, choisir p_n de sorte que $S_n(p_n) = 0$;

• si S_n est toujours positive, prendre $p_n := 1$;

• si S_n est toujours négative, prendre $p_n := 0$.

Cela garantit que $S_n(p_n)(y_n - p_n) \leq 0$, de sorte que $K_n \leq K_{n-1}$.

Certains lecteurs se demanderont peut-être quel raisonnement philosophique sous-tend l'exigence que S_n soit continue. En fait, renoncer à cette exigence ne nous coûte guère ; Prévisionniste peut encore gagner si on lui permet de randomiser (Vovk et Shafer, 2005). Cela signifie qu'au lieu d'annoncer à Réaliste sa probabilité p_n, Prévisionniste se contentera peut-être de donner à Réaliste une distribution de probabilité P_n pour p_n, où la valeur p_n se déduit de P_n sans que Réaliste le sache ou éventuellement après que Réaliste a sélectionné y_n.

Une stratégie pour Prévisionniste est ce qu'on appelle communément un modèle de probabilité ; étant donné les issues antérieures $y_1, \ldots, y_{n-1}$ et l'information complémentaire $x_1, \ldots, x_n$, elle donne une probabilité p_n pour $y_n = 1$. On peut avoir recours à ce type de probabilités dans tout problème de décision répétitive

(Vovk, 2005). La garantie de leur validité par le théorème 1, au sens où elles franchissent tout test raisonnable d'étalonnage et de résolution, a donc une signification pratique immense.

Lorsqu'il suit la stratégie décrite par Théorème 1, Prévisionniste a-t-il recours à l'expérience du passé pour faire des prédictions sur l'avenir ? Certes, il tient compte du passé. Les actions que préconise la stratégie quasi universelle pour Sceptique signalent des divergences naissantes dont Sceptique voudrait profiter, tandis que la stratégie pour Prévisionniste sélectionne ses p_n afin d'éviter l'accroissement de ces divergences. Dans la mesure où elles réussissent indépendamment de y_n, mieux vaut ne pas appeler les p_n des prédictions. Ce ne sont que des descriptions du passé et non des prédictions quant à l'avenir.

Le fait qu'on puisse toujours faire de bonnes prévisions de probabilité ébranle certaines idées répandues sur la stochasticité. En effet, dans la mesure où tout est stochastique, la stochasticité n'a aucun contenu. On peut tout de même donner la mécanique quantique comme exemple de théorie stochastique extraordinairement fructueuse, dont les probabilités semblent résister à tous les tests, et non les seuls tests d'étalonnage et de résolution. Moins extrêmes, mais tout aussi remarquables, sont les cas où des modèles de probabilité relativement simples – comme les modèles échangeables ou modèles de Markov – fonctionnent très bien. Dans ces derniers cas, qui dépassent le simple fait de pouvoir donner des probabilités séquentielles qui franchissent les tests d'étalonnage et de résolution, il est raisonnable de parler de pouvoir de prédiction ; il est peut-être même raisonnable de dire que l'on a un aperçu des régularités causales (Shafer, 1996). Il semble que la simple stochasticité n'ait rien à voir avec la régularité.

3.6. Implications sur les cours du marché

Les échanges organisés, dans lesquels un acheteur ou un vendeur peut toujours trouver un prix fixé pour une marchandise ou un titre donnés, sont des jeux de prévision. On peut donc se demander si le principe de Cournot est valable dans le cadre de ces échanges et, le cas échéant, on peut s'interroger sur ce que cela implique. On dit souvent que, dans un marché efficient, un investisseur ne peut pas gagner beaucoup d'argent sans prendre de risques importants. Le principe de Cournot rend la chose plus précise en disant qu'il ne pourra pas réaliser de gains importants sans courir le risque de la faillite ; il commence avec un certain capital initial et, à chaque échange commercial, il risque au plus une partie de son capital courant. Dans la partie suivante, j'en dirai plus sur la façon dont cette formulation se rattache aux formulations propres à l'hypothèse des marchés efficients. Pour le moment, en guise de préparation, j'explique comment le principe de Cournot peut, à lui seul, expliquer certains faits stylisés concernant les prix que l'on explique souvent en ayant recours à la stochastique.

3.6.1 L'effet $\sqrt{dt}$

Considérons en premier lieu le fait stylisé que les variations des cours du marché sur une période dont la durée *dt* s'échelonne selon $\sqrt{dt}$. Sur un marché des valeurs où les titres s'échangent 252 jours par an, par exemple, la variation typique du cours d'un titre d'une année à l'autre est de $\sqrt{252}$, soit une variation environ 16 fois plus importante que celle qui survient d'un jour à l'autre. Il existe une explication classique. On commence par supposer que les variations des cours sont stochastiques, et on dit que des variations successives ne doivent pas être corrélées ; sinon celui qui aurait connaissance de la corrélation (ou apprendrait à la reconnaître par l'observation) pourrait concevoir une stratégie commerciale avec une valeur anticipée positive. La non-corrélation des 252 variations de cours quotidiennes successives implique que leur somme, la variation annuelle des cours, connaît une variance 252 fois plus grande et, par suite, un écart type, ou déviation standard, $\sqrt{252}$ fois plus grand. L'idée est assez simple, mais des notions stochastiques interviennent à deux reprises, d'abord quand on suppose que les variations des cours sont d'ordre stochastique, ensuite lorsque l'efficacité du marché est interprétée comme l'absence de stratégie commerciale avec valeur anticipée positive. Comme je suis en train de le montrer, on peut remplacer cet argument stochastique par un argument propre à la théorie des jeux dans lequel le principe de Cournot exprime l'hypothèse de l'efficience du marché.

Par souci de simplicité, considérons le protocole suivant qui décrit un marché de titres d'entreprise. Investisseur joue le rôle de Sceptique ; il essaie de réaliser des gains et, selon le principe de Cournot, il ne peut devenir très riche s'il suit les règles qui lui interdisent de courir le risque de la faillite. Marché joue le rôle de Prévisionniste (en donnant les cours à l'ouverture) et celui de Réaliste (en donnant des cours à la clôture). Pour faire simple, supposons que le cours d'ouverture d'aujourd'hui est celui de la fermeture d'hier, de sorte que Marché ne donne qu'un cours par jour, à la fin de la journée. Lorsqu'Investisseur détient s_n titres au cours d'une journée n, il réalise $s_n(y_n - y_{n-1})$, y_n représentant le cours à la fin de la journée n.

LE PROTOCOLE DU MARCHÉ
Joueurs : Investisseur, Marché
Protocole :
$K_0 := 1$
Marché annonce $y_0 \in \mathcal{R}$
POUR $n = 1, 2, \ldots, N$:
Investisseur annonce $s_n \in \mathcal{R}$
Marché annonce $y_n \in \mathcal{R}$
$K_n := K_{n-1} + s_n (y_n - y_{n-1})$.

Restriction sur Investisseur : Investisseur doit sélectionner s_n de sorte que son capital soit toujours positif ou nul ($K_n \geq 0$ pour tout n) quelles que soient les actions de Marché.

Par souci de simplicité, on ne tient pas compte du fait que la valeur y_n d'un titre ne peut être négative.

Puisqu'il n'y a pas d'hypothèse stochastique ici, on ne peut invoquer l'idée de la variance d'une distribution de probabilité pour des variations de cours pour expliquer ce que signifie un échelonnage $\sqrt{dt}$. On peut utiliser cependant :

$$\sqrt{\frac{1}{N}\sum_{n=1}^{N}(y_n - y_{n-1} - 1)^2} \qquad (4)$$

comme variation quotidienne type, et la comparer à l'amplitude de la variation que l'on peut constater sur le jeu dans son entier, notée

$$\max_{0\leq n\leq N}\left|y_n - y_0\right| \qquad (5)$$

La quantité (5) devrait avoir une amplitude de même ordre que $\sqrt{N}$ fois la quantité (4). De même, on devrait avoir

$$\sum_{n=1}^{N}(y_n - y_{n-1})^2 \sim \max_{0\leq n\leq N}(y_n - y_0)^2, \quad (6)$$

où par ~ on entend que les deux quantités ont une amplitude de même ordre.

Le principe de Cournot nous donne-t-il une raison de penser que (6) devrait être valable ? Il nous la donne en effet. Il s'avère qu'Investisseur a une stratégie (évitant la faillite) qui rapporte beaucoup d'argent si (6) n'est pas respectée. Marché (qui représente ici tous les autres investisseurs et spéculateurs) veut fixer les cours de manière que Investisseur ne réalise pas beaucoup de gains, or nous venons de voir, en 3.5 que cela lui était plus ou moins possible. Donc, nous pouvons espérer que (6) soit valable.

La stratégie qui rapporte si (6) n'est pas respectée est une moyenne de deux stratégies, l'une est une stratégie momentum (on possède plus de titres après que le cours a monté), l'autre est une stratégie contraire (on possède plus de titres après que le cours a baissé).

1. La stratégie momentum est fondée sur l'hypothèse que Investisseur peut compter sur $\sum(y_n - y_{n-1})^2 \leq E$ et max $(y_n - y_0)^2 \geq D$, où D et E sont des constantes connues. Selon cette hypothèse, cette stratégie est légale et transforme à coup sûr 1$ en $D/E$$ ou plus.

2. La stratégie contraire est fondée sur l'hypothèse que Investisseur peut compter sur $\sum(y_n - y_{-1})^2 \geq E$ et max $(y_n - y_0)^2 \leq D$, où D et E sont des constantes connues. Selon cette hypothèse, cette stratégie est légale et transforme à coup sûr 1$ en au moins $E/D$$.

Si les hypothèses concernant $\sum(y_n - y_{n-1})^2$ et max $(y_n - y_0)^2$ sont infirmées, alors la stratégie ne permet pas de réaliser des gains, mais Investisseur peut quand même éviter la faillite. Pour plus de détails, voir (Vovk et Shafer, 2003).

3.6.2 Théorie des jeux appliquée au MEDAF

Le modèle d'évaluation des actifs financiers (MEDAF), en vogue dans la théorie de la finance depuis bientôt quarante ans, suppose qu'une entreprise dont les actions s'échangent sur un marché des valeurs a un niveau de risque stable par rapport au marché dans son ensemble. Le risque pour une valeur s est défini en terme de modèle de probabilité pour le rendement de toutes les valeurs du marché ; c'est le coefficient théorique de régression.

$$\beta_s = \frac{Cov(R_s, R_m)}{Var(R_m)}, \tag{7}$$

où R_s est une variable aléatoire dont les réalisations sont le rendement de s, et R_m est une variable aléatoire dont les réalisations sont le rendement de l'indice boursier[1]. Le MEDAF dit que

1. « Rendement » signifie ici rendement simple ; $R = (p_{n+1} - p_n)/p_n$, où p_n correspond à la valeur du titre (ou le niveau de l'indice boursier) au temps n. Toutes les valeurs anticipées, variances et covariances le sont relativement à des probabilités dépendantes de l'information détenue au moment n.

$$E(R_s) = r + \beta_s (E(R_m) - r), \tag{8}$$

où *r* est le taux d'intérêt sur la dette de l'État, supposé constant (Copeland et Weston, 1988, p. 197). Dans la mesure où $E(R_m) - r$ est habituellement positif, cette équation suggère que plus les valeurs ont un β élevé, plus leur rendement moyen est élevé. Cette équation n'a reçu que peu de confirmations empiriques, mais elle continue d'être appréciée parce qu'elle propose des solutions plausibles pour l'analyse des problèmes décisionnels que rencontrent les directeurs financiers.

Il s'avère qu'un argument qui ressort purement à la théorie des jeux, fondé sur le principe de Cournot, donne une équation analogue qui ne concerne que les profits visibles, sans qu'on se rapporte à une distribution de probabilité. L'équation donnée par la théorie des jeux se note

$$\bar{r}_s \sim r' + b_s(\bar{r}_m - r'), \tag{9}$$

où $$\bar{r}_s := \frac{1}{N} \sum_{n=1}^{N} s_n, \qquad \bar{r}_m := \frac{1}{N} \sum_{n=1}^{N} m_n,$$

et $$b_s := \frac{\sum_{n=1}^{N} s_n m_n}{\sum_{n=1}^{N} m_n^2}, \qquad r' := \bar{r}_m - \frac{1}{N} \sum_{n=1}^{N} m_n^2,$$

S_n et m_n, représentant le rendement réel de *s* et de l'indice boursier respectivement, sur une période *n*. Cela est analogue à (8), dans la mesure où r' mesure les performances du marché dans sa globalité, et où les autres quantités sont des analogues empiriques des quantités théoriques de (8).

L'interprétation de (9) est similaire à l'interprétation selon la théorie des jeux appliquée à l'échelonnage $\sqrt{dt}$, équation (6) ; un spéculateur peut réaliser des gains dans la mesure où elle est non respectée. Étant donné les approximations dans la dérivation de (9) d'une part, et l'existence de coûts de transaction ainsi que d'autres imperfections liées au marché d'autre part, le rapport sera sans doute assez distendu, mais on peut se demander s'il est plus distendu dans la pratique que ne le sont les relations empiriques impliquées par le MEDAF. Si ce n'est pas le cas, alors on pourrait attribuer à (9) la confirmation très approximative du MEDAF que l'on a discernée dans certaines données, en ne laissant rien qui puisse être interprété comme une justification empirique des hypothèses stochastiques du MEDAF. (Pour plus de précisions, voir Vovk et Shafer, 2002).

4. LE RETOUR DU PRINCIPE DE COURNOT

Dans cette dernière partie, je parlerai de ce que le retour du principe de Cournot peut apporter à la probabilité, à l'économie et à la finance.

4.1. Pourquoi les probabilités ont besoin du principe de Cournot

Jusqu'au milieu du XXe siècle, les spécialistes de la probabilité mathématique considéraient généralement que toute probabilité peut être connue, soit a priori soit par l'observation. Ceux qui entendaient la probabilité comme une affaire de croyance ne remettaient pas en question l'idée que l'on peut connaître ses propres croyances. Ceux qui voyaient la probabilité comme une fréquence relative supposaient que l'on peut observer des fréquences. Ceux qui interprétaient la probabilité en ayant recours au principe de Cournot supposaient qu'ils connaîtraient les probabilités qu'ils voulaient tester ; on ne vérifierait pas qu'un événement de faible probabilité s'est produit si on ne pensait pas qu'il avait une faible probabilité.

Les observations nécessaires pour estimer une probabilité numérique peuvent être difficiles à trouver. Au pire, suggérait

Cournot, une intelligence supérieure représentant les limites de ce que les humains peuvent observer pourrait faire ces observations (Martin, 1996, pp. 146-150). Cournot faisait ici une analogie avec le déterminisme au sens classique du terme. Le déterminisme classique ne se contentait pas d'un avenir déterminé en un sens théologique ; il exigeait que l'on puisse prévoir le futur au moyen de lois qui soient accessibles à l'intelligence humaine, ou du moins à une intelligence supérieure dont les capacités de calcul et d'observation seraient similaires à celles des hommes.

Supposer que les probabilités soient connaissables conduit à l'idée que l'on ne peut pas établir de probabilités pour certains événements. Il y a peut-être trois catégories d'événements :

1. Ceux que l'on peut prévoir avec certitude.
2. Ceux que l'on ne peut prévoir qu'en probabilité.
3. Ceux que l'on ne peut prévoir ni avec certitude ni en probabilité.

La plupart des probabilistes pensaient qu'il existe bien des événements appartenant à la troisième catégorie. Kolmogorov l'a dit explicitement, et il ne parlait pas de ces événements comme d'événements dont on ne peut connaître la probabilité ; il disait qu'il s'agissait d'événements qui n'avaient pas de probabilité (Kolmogorov, 1983, p. 1). J. M. Keynes et R. A. Fisher ont, chacun à leur manière, également insisté sur le fait que tous les événements n'ont pas forcément de probabilité numérique (Fisher, 1956 ; Keynes, 1921, 1937).

Le fait que Doob ait réussi à formaliser le concept d'une mesure de probabilité pour un processus stochastique arbitraire a déstabilisé ce consensus. Comme je l'ai déjà souligné, il y a beaucoup de cas dans lesquels il est impossible de reproduire un processus stochastique complet – des cas où on a une seule réalisation, une seule période. Dans ces cas, la mesure de probabilité assigne des probabilités à un grand nombre d'événements qui ne se répètent pas. Comme elles n'ont pas d'interprétation de fréquence directe, ces probabilités ne peuvent jamais être vérifiées directement. Doob n'ayant pas eu recours au principe de Cournot ni donné d'autres précisions sur leur signification, ses disciples ont cherché d'autres instruments qui leur permettent de comprendre. Beaucoup ont cherché du côté des mécanismes tels que celui des dés non pipés, qui reproduisent ou au moins simulent le hasard. Selon leur point de vue, cela devait nécessairement produire des phénomènes. Les phénomènes déterministes ont pour cause des mécanismes déterministes, les phénomènes indéterministes des mécanismes de hasard. Même si on ne peut pas les vérifier, ni même peut-être les connaître, les probabilités sont significatives parce qu'elles accomplissent cette tâche génératrice.

L'importance croissante de cette façon de voir le monde s'est manifestée dans un article essentiel publié par Jerzy Neyman en 1960 (Neyman, 1960). D'après Neyman, la science allait vers une période d'indéterminisme dynamique, caractérisée par la recherche de mécanismes évolutionnaires hasardeux propres à fournir une explication sur les diverses fréquences observées au cours du développement des phénomènes étudiés. Le mécanisme hasardeux de la carcinogenèse ainsi que celui qui se trouve derrière les propriétés variables des comètes du système solaire sont des exemples de sujets propres aux études sur l'indéterminisme dynamique. On pourrait se risquer à dire que toute étude contemporaine sérieuse est une étude du mécanisme hasardeux qui se trouve à l'arrière-plan de certains phénomènes. L'outil statistique et probabiliste employé dans ces études est la théorie stochastique des processus...

Cette citation le confirme, Neyman était fréquentiste. Son discours donne à penser que le sens premier des probabilités réside dans leur rapport à l'origine des phénomènes plutôt qu'à leur rapport aux fréquences. Il veut expliquer les fréquences, mais il n'exige pas que l'on donne à toute probabilité une interprétation fréquentiste. Il suffit peut-être que des prédictions de probabilité successives soient bien étalonnées et qu'elles aient une bonne résolution au sens où on l'a expliqué en 3.4.

Ce qui est vraiment frappant chez Neyman, c'est que les processus stochastiques apparaissent comme l'unique solution de remplacement face aux modèles déterministes. La troisième catégorie de phénomènes, ceux que l'on ne peut prédire ni avec certitude ni de manière probabiliste, a disparu. Ce modèle de pensée n'a cessé de croître en importance depuis 1960. Dans de nombreux domaines de la science, on entend désormais communément parler de probabilités « vraies », « physiques » ou « objectives », sans qu'on remette le moins du monde en question leur existence. On considère que les processus indéterministes sont des processus stochastiques, indépendamment du fait que l'on connaisse ou même que l'on puisse connaître les probabilités. La naïveté dont se gaussait von Kries il y a cent vingt ans est redevenue orthodoxie.

Les résultats de la théorie des jeux dont on a rendu compte en 3 nous fournissent un cadre qui nous permet de retrouver la densité philosophique de von Kries, de Keynes, de Fisher et de Kolmogorov, sans avoir à renoncer aux avancées réalisées par la théorie des processus stochastiques. Chaque fois que l'on teste empiriquement un processus stochastique, on applique le principe de Cournot à des probabilités (hypothétiques) connues. Lorsqu'on n'a pas tout à fait un processus stochastique, un modèle qui ne donne que des prix ou des probabilités limités, on peut quand même le tester au moyen du principe de Cournot, sans le considérer comme partie d'un processus stochastique complet qu'on ne peut connaître mais qui néanmoins est significatif.

Les résultats concernant la prévision défensive que l'on a observés en 3.5 nous apportent également des éclaircissements. Ils prouvent que, dans un certain sens restreint, notre troisième catégorie est en effet vide. Toute quantité ou tout événement que l'on peut intégrer dans une suite (dans une suite temporelle, pas nécessairement une suite de répétitions indépendantes) peut faire l'objet d'une prédiction probabiliste, au moins dans le cadre de la série en question. Cela nous incite à penser que le discours sur les mécanismes hasardeux est également dépourvu de contenu. La prédiction défensive marche pour n'importe quelle série temporelle, indépendamment de ce qui l'a générée. L'idée d'un mécanisme hasardeux n'y ajoute rien.

4.2. Pourquoi l'économie a besoin du principe de Cournot

L'idée que les cours du marché sont des valeurs anticipées remonte au moins à Cournot (Cournot [1843] (1984), chapitre V). Qui anticipe ces valeurs ? Le marché a-t-il un esprit ? Comment peut-on en savoir plus sur les probabilités qui sans doute accompagnent ces valeurs anticipées ? Ces questions n'ont guère troublé l'esprit de Cournot, qui vivait encore dans un monde laplacien où on ne se tracassait pas trop à propos des capacités des hommes à prendre la réelle mesure de leur ignorance. À mesure que les critiques du genre de celles de von Kries s'accumulaient, il devint de plus en plus difficile de conserver cette sérénité. Et, au début du XXe siècle, il semble que seules la naïveté philosophique d'un Bachelier (Bachelier [1900], 1995) ou l'obscurité d'un Edgeworth (Mirowski, 1994) aient pu permettre de la conserver.

En ce qui concerne la probabilité, les économistes d'aujourd'hui sont les héritiers, non pas d'Edgeworth ou de Keynes, mais de Doob, de Neyman et de De Finetti. C'est Paul Samuelson qui a sans doute le premier introduit la théorie des mesures appliquée aux martingales en économie, en 1965 dans un article reconnu aujourd'hui comme la première étape de la formulation du concept d'efficience de l'information (Samuelson, 1965). Les mathématiques de Doob n'ont pas suffi à redonner à Samuelson la sérénité de Cournot, comme on le voit dans la conclusion de l'article :

> Je n'ai pas traité ici de l'origine des distributions de probabilité simples. Dans quel esprit les trouve-t-on *ex ante* ? Existe-il une validation *ex post* de celles-ci ? Sont-elles censées appartenir au marché dans sa globalité ? Qu'est-ce que cela signifie ? Appartiennent-elles à l'« individu représentatif », et qui est-il ? Sont-elles un compromis défendable ou indigent entre des modèles d'anticipation divergents ? Les cotes boursières sont-elles en quelque sorte une configuration Pareto-optimale de probabilités subjectives *ex ante* ? Cet article n'a pas cherché à proposer de réponse à ces questions intéressantes.

Ces questions tendent vers une déconstruction de la probabilité, mais les recherches de Samuelson l'ont conduit dans une voie opposée, qui adoptait résolument, sous le terme d'« anticipations rationnelles », l'hypothèse selon laquelle le monde des échanges comporte des probabilités vraies, au sens de Neyman, qui sont en parfaite harmonie avec les probabilités subjectives, au sens de De Finetti, des gens qui le composent (Lucas et Prescott, 1971). L'affect est sans doute de l'obstination plutôt que de la sérénité, mais l'économie a imposé une nouvelle unité aux probabilités objectives et subjectives.

Le cadre de la théorie des jeux nous permet de renoncer à cette réunification forcée en même temps qu'on abandonne la sérénité de Cournot, mais il nous permet de conserver son principe. Une fois que l'on a récupéré le principe de Cournot pour interpréter les probabilités, on peut interpréter les prix exactement de la même manière ; on n'a besoin ni d'un individu représentatif, ni d'une intelligence du marché. Il n'est pas non plus nécessaire de poser des probabilités, positives ou subjectives, qui vont au-delà des cours. Ces cours ne sont les opinions de personne. Ils sont fixés par la concurrence (Hayek, 1978). Ils forment une martingale non au sens de Doob, mais au sens de Ville, et dans la mesure où ils sont les cours auxquels les investisseurs achètent et vendent, ils génèrent d'autres martingales au sens de Ville, bien qu'aucune probabilité n'intervienne. De plus, du fait que la version finitaire du traitement par la théorie des jeux produise des bornes d'erreur qui se resserrent à mesure que le nombre d'instances s'accroît, on retrouve la distinction qu'opère Knight entre les risques auxquels est confrontée une compagnie d'assurances qui entre en concurrence sur l'évaluation des issues moyennes sur une longue série d'exercices qu'elle observe en même temps que ses concurrents, et les incertitudes de l'entrepreneur ou du spécialiste du capital risque qui rencontre un nombre plus restreint d'occasions dans une série observée de manière plus privée (Knight, 1921).

4.3. Pourquoi la finance a besoin du principe de Cournot

On peut toujours inventer une distribution de probabilité relativement à laquelle les prix forment une martingale. Comme Eugène Fama l'a expliqué dans son fameux article de 1970 (Fama, 1970), le problème central lorsqu'on veut comprendre l'efficience d'un marché consiste à expliquer ce que signifie pour cette distribution de probabilités de refléter intégralement toute l'information disponible. Certains ont contesté qu'il ait jamais donné une explication, mais son texte de 1976 sur la finance (Fama, 1976) a ajouté un commentaire qui est resté valable : les probabilités devraient correspondre à des anticipations rationnelles (LeRoy, 1989). Sans qu'on sache comment, les probabilités devraient tomber juste. Elles devraient se rattacher correctement avec ce qui se passe réellement dans le futur.

Cela nous ramène encore une fois au principe de Cournot et à la thèse de cet article qui avance l'idée que l'on peut tester les cours du marché en utilisant directement le cadre de la théorie des jeux appliqué au principe de Cournot, sans poser de distributions de probabilités complètes.

Les résultats relatifs à la prévision défensive dont j'ai parlé en 3.5 nous disent qu'il est possible de fixer des cours qui déjoueront quasiment toute stratégie commerciale qui ne prend pas le risque de faire banqueroute. Dans les marchés où la disponibilité trésorière est raisonnable, les spéculateurs qui tentent d'accomplir cette double tâche sont nombreux, il est donc raisonnable de supposer qu'ils y sont déjà parvenus. En d'autres termes, la théorie des jeux appliquée au principe de Cournot est une hypothèse tout à fait plausible. Elle ne prévoit pourtant qu'une sorte d'équilibre dans le domaine de la spéculation, et non un équilibre entre des investisseurs rationnels s'appuyant sur des probabilités bien fondées concernant les risques liés aux divers investissements et les préférences clairement définies quant à ces risques (Bourghelle, Brandouy, Gillet et Orléan, 2005).

Cela veut-il dire que les cours reflètent toute l'information disponible ? En un sens, oui. Cela nous enseigne qu'aucune information disponible ne permettra à un spéculateur de battre les prix. Il n'est pas dit pour autant que l'information disponible détermine les prix. Cela n'exclut pas qu'on puisse avoir des prix compatibles avec toute l'information disponible, qui soient deux fois, trois fois ou dix fois plus importants que les prix réels. Cela n'exclut pas qu'il puisse y avoir des prix, compatibles avec toute l'information disponible, qui auraient pour résultat une allocation de capital extrêmement inégale entre des projets concurrents (Stiglitz, 1981). Cela n'exclut pas des fluctuations des cours qui se font sur la durée et lentement et ne sont fondées sur aucune information, ni une variabilité qui dépasse largement celle que justifie l'apport d'information nouvelle (Poterba et Summers, 1988 ; Shiller, 1989).

Les travaux empiriques à venir sur l'hypothèse de l'efficience de l'information sur les marchés de capitaux devraient, il me semble, chercher à séparer l'hypothèse de la théorie des jeux exprimée par le principe de Cournot de l'hypothèse tout à fait distincte selon laquelle les variations des cours sont dues en grande partie à de l'information nouvelle. La plupart des travaux empiriques déjà accomplis à propos des anomalies que je viens d'évoquer seront peut-être considérés plus tard comme les premiers jalons posés dans cette direction.

Guerre et paix[1]

ROBERT AUMANN[2]

L'attribution en 1994 du prix Nobel à Reinhard Selten et à John Harsanyi pour leurs travaux fondateurs de l'analyse des jeux non coopératifs, qui reposent sur le concept d'équilibre stratégique, a consacré une première fois les travaux d'Augustin Cournot. C'est lui en effet qui avait formulé le concept en 1838. William Vickrey a reçu le prix Nobel pour son application du concept de théorie des enchères, dont les fondements sont largement construits par Cournot. En 2005, Robert Aumann a obtenu en compagnie de Thomas Schelling le prix Nobel pour son application du concept d'équilibre aux jeux répétés. Augustin Cournot a reçu ainsi pas moins de trois prix Nobel. (N.D.E.)

« Les guerres et les autres conflits font partie des causes principales de la misère humaine. » Ainsi commence l'annonce détaillée du prix 2005 de la Banque de Suède en économie en mémoire d'Alfred Nobel, attribué pour l'application de la théorie

1. Discours de réception du prix Nobel le 8 décembre 2005, rédigé notamment à partir de sa contribution au Centre Cournot quelques jours auparavant, et reproduit ici avec l'aimable autorisation de l'académie Nobel (tous droits réservés).
2. Centre d'études sur la rationalité, Département de mathématiques, Université hébraïque de Jérusalem.

des jeux à l'analyse des mécanismes de conflit et de coopération. Il convient donc de consacrer cette conférence à l'un des problèmes les plus urgents et les plus graves auxquels l'humanité doive faire face : celui de la guerre et de la paix.

Je voudrais avancer l'idée que nous devrions peut-être revoir la façon dont nous nous efforçons d'établir la paix sur la planète. Jusqu'à présent tous les efforts ont porté sur la résolution de conflits particuliers : Inde/Pakistan, Irlande du Nord, divers pays d'Afrique, Balkans, Russie/Tchétchénie, Israël/pays arabes, etc. Ma proposition est que nous changions d'éclairage pour étudier la guerre en général.

Faisons une comparaison. Il y a deux approches face au cancer. L'une est clinique. Vous avez un cancer du sein, par exemple. Que faut-il faire ? Une opération ? Des rayons ? Une chimiothérapie ? Laquelle ? Quelle quantité de rayons ? Faut-il enlever les nodules lymphatiques ? Les réponses s'appuient sur des examens cliniques, simplement en fonction de ce qui marche le mieux. Chaque cas est traité individuellement à l'aide de toute l'information dont on dispose. Le but étant de guérir le malade que l'on a devant soi, ou d'améliorer son état.

Il existe une autre approche. On n'opère pas, on ne fait pas de rayons, pas de chimiothérapie, on ne regarde pas les statistiques, on ne s'intéresse pas du tout au patient. On cherche uniquement à comprendre ce qui se passe dans une cellule cancéreuse. L'ADN est-il impliqué ? Que se passe-t-il ? À quel genre de processus a-t-on affaire ? N'essayons *pas* de le guérir Essayons simplement de *comprendre*. On travaille sur des souris, non avec des personnes. On essaie de les rendre malades, et non de les guérir.

Louis Pasteur était médecin. Il était important pour lui de soigner les gens, de les guérir. À l'inverse, Robert Koch n'était pas médecin, il n'essayait pas de guérir les gens. Il voulait seulement savoir comment fonctionne une maladie infectieuse. Ses travaux eurent par la suite une importance cruciale dans le traitement et la guérison des maladies.

Depuis l'aube de la civilisation, la guerre existe. Rien n'est plus constant dans l'histoire que la guerre. Il s'agit d'un phénomène et non d'une suite d'événements isolés. Les efforts déployés pour résoudre des conflits particuliers sont certes louables et portent parfois effectivement leurs fruits ; mais il existe aussi une autre façon de s'y prendre – en étudiant la guerre comme un phénomène général, en examinant ses caractéristiques générales distinctives, les dénominateurs communs et les différences. D'un point de vue historique, sociologique, psychologique et – oui – *rationnel*. Pourquoi l'*homo œconomicus* – l'homme rationnel – s'en va-t-il en guerre ?

Ce que j'entends par « rationalité » ? *Le comportement d'une personne est* ***rationnel*** *si elle agit dans son* ***propre*** *intérêt, étant donné* ***ses*** *connaissances.*

Selon cette définition, la guerre peut-elle être rationnelle ? Malheureusement, la réponse est oui ; elle peut l'être. Dans l'un des plus grands discours jamais prononcés – son second discours inaugural – Abraham Lincoln déclarait : « Les deux camps s'élevaient contre la guerre ; mais l'un préférait faire la guerre plutôt que de voir la nation continuer à vivre ; tandis que l'autre acceptait la guerre plutôt que de la voir périr. Et la guerre eut lieu. »

On commet une énorme erreur lorsqu'on dit que la guerre est irrationnelle. On prend tous les maux du monde – les guerres, les grèves, la discrimination raciale – pour mieux les oublier une fois qu'on les a déclarés irrationnels. Ils ne sont pas nécessairement irrationnels. Bien que cette idée soit pénible, ils peuvent être rationnels. Si la guerre est rationnelle, une fois qu'on l'a compris, on peut au moins tenter de s'attaquer au problème. Si l'on se contente de dire qu'elle est irrationnelle, on ne peut traiter le problème.

Il y a longtemps de cela, à l'université de Yale, j'ai assisté à une assemblée d'étudiants. Jim Tobin, qui reçut plus tard le prix Nobel en économie, était également présent. Nous discutions à bâtons rompus et la question suivante fut posée : « Peut-on résumer l'économie en un mot ? » La réponse de Tobin fut « oui », et ce mot est *incitations*. C'est le nerf de la guerre en économie.

Ce que je voudrais donc proposer, c'est une analyse économique de la guerre. Qu'on ne s'y méprenne pas, cela n'a rien à voir avec ce que cela évoque en apparence. Je ne parle pas du financement de la guerre ou de la reconstruction après guerre, ou d'autres choses de ce genre. Je veux parler d'*incitations* à la guerre et d'incitations qui permettent de l'éviter.

Prenons un exemple. L'économie nous enseigne que les choses ne sont pas toujours ce qu'elles paraissent. Supposons par exemple qu'on veuille augmenter les recettes provenant des impôts. Pour y parvenir, il est évident qu'il faut augmenter les taux d'imposition, n'est-ce pas ? C'est faux. Il faudrait peut-être *abaisser* les taux d'imposition. Inciter les gens à travailler, réduire l'évasion fiscale légale ou non, stimuler l'économie, que sais-je. Il ne s'agit que d'un exemple ; il en existe des milliers comme celui-là. Une économie est un jeu : les incitations des différents joueurs interagissent les unes sur les autres de manière complexe et produisent des résultats surprenants, qui vont souvent à l'encontre de l'intuition. Il s'avère que l'économie fonctionne réellement de cette manière.

Revenons donc à présent à la guerre et au rôle joué par l'*homo œconomicus* – l'homme rationnel. Prenons un autre exemple, dans l'esprit du précédent. Vous voulez éviter la guerre. Pour y parvenir, il est évident qu'il faut désarmer, abaisser le niveau d'armement. Correct ? C'est faux. C'est peut-être exactement l'inverse qu'il faudrait faire. Durant la longue période de guerre froide entre les États-Unis et l'Union soviétique, ce qui a empêché une guerre « chaude », c'est que des bombardiers chargés de bombes nucléaires sillonnaient le ciel vingt-quatre heures sur vingt-quatre, trois cent soixante-cinq jours par an. Le désarmement aurait conduit à la guerre.

Le fait est donc – encore une fois – qu'il faut nous mettre à étudier la guerre pour elle-même, de tous les points de vue. Tenter de comprendre les causes qui la produisent. De la science purement et simplement. C'est *cela* qui pourrait, un jour, nous apporter la paix. L'approche fragmentaire, au cas par cas, n'a pas très bien fonctionné jusqu'à présent.

Je voudrais à présent évoquer l'essentiel de quelques-unes de mes propres contributions, celles qui ont été citées par le comité du prix Nobel. Examinons en particulier les jeux répétés, en quoi on peut les rapporter à la guerre et aux autres conflits, comme les grèves, ainsi qu'à toutes les situations d'interaction.

Les jeux répétés reproduisent les interactions de longue durée. La théorie des jeux répétés peut rendre compte de phénomènes tels que l'altruisme, la coopération, la confiance, la loyauté, la vengeance, les menaces (autodestructrices ou non) – phénomènes qui peuvent paraître irrationnels au premier abord – selon le paradigme de la maximisation « égoïste » de l'utilité qui provient de la théorie des jeux et de l'économie néoclassique.

Qu'elle « rende compte » de ces phénomènes ne signifie pas que les gens choisissent délibérément de se venger ou d'agir avec générosité pour des raisons rationnelles et sciemment intéressées. Plus exactement, au fil des millénaires, les gens ont élaboré des normes de conduite qui fonctionnent bien dans l'ensemble, qui sont même optimales. Cette évolution est peut-être en réalité biologique, génétique. Ou bien elle est peut-être « mémétique », ce terme dérivant du mot « même » qu'inventa le biologiste Richard Dawkins comme équivalent du terme « gène », pour désigner une hérédité et une évolution sociales plutôt que biologiques.

L'une des grandes découvertes de la théorie des jeux eut lieu au début des années 1970, lorsque les biologistes John Maynard Smith et George Price se rendirent compte que l'équilibre stratégique dans les jeux et l'équilibre de population dans le monde réel se notent avec les mêmes équations. L'évolution – qu'elle soit d'origine génétique ou mémétique – mène à un équilibre stratégique. Ce que nous disons donc, c'est que dans les jeux *répétés*, l'équilibre stratégique exprime des phénomènes tels que l'altruisme, la coopération, la confiance, la loyauté, la vengeance, les menaces, etc. Voyons comment les choses se passent.

Ce que j'entends par « équilibre stratégique », c'est, très schématiquement, le fait que, dans un jeu, on dit que les joueurs sont *en équilibre stratégique* (ou simplement *en équilibre*) lorsque leurs jeux sont *mutuellement optimaux* : lorsque les actions et les intentions de chaque joueur sont rationnelles dans un environnement stratégique donné – c'est-à-dire, lorsque chacun connaît les actions et les intentions des autres.

John Nash a reçu le prix Nobel en 1994 pour avoir formulé et mis au point le concept d'équilibre stratégique, tout juste cinquante ans après la publication de *Théorie des jeux et comportement économique* de John von Neumann et Oskar Morgenstern. Ce prix fut décerné conjointement à John Harsanyi pour avoir formulé et mis au point le concept d'équilibre *bayésien*, c'est-à-dire de stratégie d'équilibre dans les jeux à information incomplète, et à Reinhard Selten, pour avoir formulé et mis au point le concept d'équilibre *parfait* en raffinant le concept de Nash dont on reparlera plus loin. Ces trois concepts fondamentaux constituent, avec les concepts d'équilibre *corrélé* (Aumann, 1974, 1987) et d'équilibre *fort* (Aumann, 1959), tous deux cités dans l'annonce du prix 2005, la pierre angulaire de la théorie des jeux non coopératifs.

À la suite du prix 1994, deux prix Nobel furent décernés pour des *applications* de ces concepts fondamentaux. Le premier en 1996 lorsque William Vickrey reçut le prix à titre posthume pour ses travaux sur les enchères. (Vickrey est mort entre le moment où la nomination fut annoncée et la remise de la médaille.) Le mécanisme des enchères et des stratégies d'offres figure au premier plan parmi les applications pratiques de la théorie des jeux ; Wilson en a donné un bon compte rendu, quoique un peu daté, en 1992.

Le second prix a été décerné cette année – 2005. Le professeur Schelling parlera et écrira bien entendu en son propre nom. Quant à votre humble serviteur, il a reçu le prix Nobel pour avoir appliqué les concepts d'équilibre fondamentaux mentionnés ci-dessus aux jeux *répétés*. C'est-à-dire, supposons que l'on joue un même jeu J, avec les mêmes joueurs, année après année. On peut considérer cette situation comme un seul grand jeu – qu'on appelle *superjeu* de J, et qui se note J^∞ – dont la règle est « jouer J chaque année ». L'idée est d'appliquer les concepts d'équilibre vus précédemment au superjeu J^∞, plutôt qu'au jeu statique J, et de voir ce qui se passe.

La théorie des jeux répétés qui émerge de ce processus est extrêmement riche et dense (il en existe de bons – quoique un peu datés – compte rendu de la part de Sorin, 1992, Zamir, 1992, et Forges, 1992). Dans les quelques minutes qui me sont imparties, je ne pourrai que l'effleurer, mais je veux bien me prêter au jeu. Je ne traiterai que d'un seul aspect : l'aspect *coopératif*. En gros, la conclusion est que

la répétition engendre la coopération

Développons un peu. On utilise le terme *coopératif* pour décrire toute issue possible d'un jeu, pour autant qu'aucun des joueurs ne peut *garantir* de meilleure issue pour lui-même. Il est important de souligner qu'en général la coopération *n*'est *pas* un résultat d'équilibre ; c'est le résultat d'un accord. Par exemple, dans le célèbre « dilemme du prisonnier », le profil de stratégies dans lequel aucun des joueurs n'avoue est une coopération ; ce n'est pas la meilleure situation que puisse obtenir chacun des joueurs, mais elle vaut mieux que l'équilibre unique si l'on prend les deux à la fois.

Dans le jeu suivant *K*, on a un exemple encore plus simple : soit deux joueurs, Rowena et Colin. Rowena doit décider si elle-même et Colin recevront la même somme – soit 10 – ou bien si elle recevra dix fois plus tandis que Colin recevra dix fois moins. En même temps, Colin doit décider s'il se vengera ou non, la vengeance leur portant préjudice à tous deux. S'il se venge, il n'y a plus de partage, et les joueurs se retrouvent avec rien. La matrice du jeu est

	s'Accorder	se Venger
Partage Équitable	10 (Colin) / 10 (Rowena)	0 (Colin) / 0 (Rowena)
Partage Cupide	1 (Colin) / 100 (Rowena)	0 (Colin) / 0 (Rowena)

L'issue (**É**, **A**), qui rapporte 10 à chaque joueur, est une issue coopérative, car aucun des joueurs ne peut s'assurer un meilleur gain pour lui-même ; mais comme dans le dilemme du prisonnier, il ne peut s'agir d'un résultat d'équilibre.

Pourquoi les issues coopératives sont-elles intéressantes même si elles ne peuvent être des résultats d'équilibre ? La raison est qu'on peut y parvenir en passant des contrats (des accords) comme par exemple, dans le contexte national, doté d'un système judiciaire. Le Talmud (Avot 3, 2) déclare : « Priez pour la paix du royaume, car, sans son autorité, l'homme dévorerait l'homme. » Dans le cadre de contrats, Rowena et Colin peuvent trouver un équilibre coopératif (**É**, **A**) en se mettant d'accord ; sinon, pour des raisons pratiques, il est impossible d'obtenir (**É**, **A**).

La théorie des jeux coopératifs issue de ces réflexions précède les travaux de Nash d'environ une dizaine d'années (von Neumann et Morgenstern, 1944). Elle est très riche et féconde, et, à mon avis, c'est elle qui nous a donné *les* idées centrales de la théorie des jeux. Cependant, nous n'évoquons pas ces idées ici ; elles seront pour un autre prix Nobel d'économie, à venir.

En revanche, ce dont je voudrais parler ici, c'est du rapport entre la théorie des jeux coopératifs et les jeux répétés. L'idée fondamentale est que la répétition équivaut à un mécanisme contraignant qui permet l'émergence de résultats coopératifs *en équilibre* – où chacun agit dans son propre intérêt.

Intuitivement, tout le monde le sait et le comprend. Les gens coopèrent beaucoup mieux dans une relation à long terme. Ils savent qu'il y aura un lendemain et qu'un comportement inapproprié sera puni ultérieurement. Le commerçant qui trompe ses clients réalisera peut-être des profits à court terme, mais il ne tiendra pas longtemps.

Illustrons cela avec l'exemple du jeu *K*. Si on ne joue le jeu qu'une seule fois, alors Rowena a clairement intérêt à opérer un partage **C**upide, et Colin a donner son **A**ccord. (Ces stratégies sont en effet *dominantes*.) Colin ne sera pas très satisfait – il n'obtient rien – mais il n'y peut pas grand-chose. Techniquement, le *seul* équilibre est (**C**, **A**).

Dans le superjeu K^{∞}, *il y a* une chose que Colin peut faire toutefois. Il peut *menacer* de se Venger de Rowena jusqu'à la fin des temps si jamais elle fait un partage Cupide. De sorte que ce partage cupide ne sera pas intéressant pour elle. En effet, en K^{∞}, on a là un véritable équilibre de Nash. La stratégie de Rowena est de « jouer **É** pour toujours » ; la stratégie de Colin est de « jouer **A** tant que Rowena joue **É** ; et si jamais elle joue **C**, de jouer **V** jusqu'à la fin des temps ».

Soyons bien clair là-dessus. Ce qui maintient l'équilibre dans ces jeux, c'est la *menace de représailles*. Si on veut, on peut l'appeler « MAD[1] » : destruction mutuelle assurée, qui fut la devise de la guerre froide.

Une précision est nécessaire pour que cela fonctionne. Le taux d'escompte ne doit pas être trop élevé. Même s'il dépasse à peine les 10 % – si dans un an, 1 dollar vaut moins de 90 cents aujourd'hui – alors la coopération est impossible, car Rowena a encore intérêt à se montrer cupide. La raison en est que même si Colin se venge – et, ce faisant, se punit lui-même – jusqu'à la fin des temps, la vengeance éternelle tout entière, évaluée au taux d'aujourd'hui, est inférieure à 90 cents, ce qui représente le gain total de Rowena si elle fait aujourd'hui un partage cupide plutôt qu'un partage équitable.

Je ne parle pas seulement du taux d'escompte monétaire, de ce qu'on possède à la banque. J'entends taux d'escompte au sens personnel, subjectif. Pour que la répétition fasse naître la coopération, il ne faut pas que les joueurs soient trop avides de résultats immédiats. Il ne faut pas que le présent, l'ici et maintenant, soit trop important. Si on veut la paix tout de suite, on ne l'obtiendra peut-être jamais. Si l'on n'est pas pressé et si l'on peut attendre, la situation est totalement différente ; c'est *alors* qu'il devient possible d'obtenir la paix immédiatement. Il s'agit-là de l'une de ces idées paradoxales et à contre-courant propre à la théorie des jeux, et même à une grande partie de la

1. MAD : *mutually assured destruction*, l'acronyme n'est pas traduit car il n'a de sens qu'en anglais dans ce contexte, « mad » signifiant « fou ». (*N.d.T.*)

science. Il y a de cela à peine une ou deux semaines, j'ai appris que le réchauffement planétaire pouvait causer un refroidissement de l'Europe, parce qu'il pouvait provoquer un changement de direction du Gulf Stream. Le réchauffement peut provoquer un refroidissement. Vouloir la paix tout de suite peut nous empêcher de l'obtenir jamais, ni maintenant ni dans l'avenir. Si l'on est prêt à attendre, alors il est possible qu'elle vienne tout de suite.

La raison est la même que plus haut. Les stratégies qui font émerger une coopération dans un superjeu en équilibre impliquent des représailles à des périodes ultérieures si la coopération ne s'établit pas lors de la période présente. Si les taux d'escompte sont trop élevés, alors les joueurs préfèrent prendre en compte leur intérêt présent plutôt que leur intérêt à venir, et un coup unique aujourd'hui pourra très largement compenser les pertes à long terme. Cela décrédibilise la menace de vengeance pour les périodes ultérieures.

Récapitulons : Dans le superjeu K^∞ du jeu *K*, on peut obtenir une issue coopérative **(É, A)** en équilibre. Il s'agit d'un cas particulier relevant d'un principe beaucoup plus général, connu sous le nom de *Folk's théorème,* selon lequel *tout* résultat coopératif d'un *quelconque* jeu *J* peut s'obtenir en tant que résultat d'équilibre stratégique de son superjeu $J\infty$ – même si ce résultat n'est pas un résultat d'équilibre de *J*. Inversement, tout résultat d'équilibre stratégique de $J\infty$ est un résultat coopératif de *J*. En somme, pour tout jeu *J*, on a

LE FOLK'S THÉORÈME : **les résultats coopératifs de *J* coïncident avec les résultats d'équilibre de son superjeu $J\infty$.**

Autrement dit, la répétition agit comme un mécanisme contraignant : elle rend possible l'émergence de la coopération lorsque celle-ci n'est pas possible dans le jeu statique. Bien entendu, la précision mentionnée ci-dessus reste valable : pour que cela fonctionne, il faut que les taux d'escompte de tous les agents soient bas ; il ne faut pas que ces derniers aient une préférence pour le présent plutôt qu'une préférence pour le futur.

Je voudrais faire une autre remarque, également en rapport avec le prix Nobel 1994. John Nash obtint le prix pour sa théorie de l'équilibre. Reinhard Selten l'obtint pour sa théorie de l'équilibre *parfait*. L'équilibre parfait implique, en gros, que la menace de représailles soit *crédible* ; que, s'il faut infliger une punition, après la punition, on reste dans une stratégie d'équilibre – la déviation ne soit pas intéressante.

Cela *n*'est certainement *pas* le cas de l'équilibre que nous avons décrit à propos du superjeu K^∞ du jeu *K*. Si Rowena joue **C** malgré la menace de Colin, il *n*'est certainement *pas* dans l'intérêt de Colin de se venger jusqu'à la fin des temps. Cela pose le problème suivant : dans le jeu itéré, peut-on obtenir le résultat (**É**, **A**) non seulement en équilibre stratégique, mais aussi en équilibre *parfait* ?

La réponse est oui. En 1976, Lloyd Shapley – que je considère comme le plus grand des théoriciens des jeux – et moi avons démontré le théorème connu sous le nom de *Folk parfait* ; Ariel Rubinstein parvenait simultanément au même résultat de son côté. Nos travaux respectifs ne furent publiés que bien plus tard (Aumann et Shapley, 1994, Rubinstein, 1994). Selon le Folk's théorème parfait, dans le superjeu J^∞ d'un jeu quelconque *J*, tout résultat coopératif de *J* peut s'obtenir comme résultat d'équilibre *parfait* de J^∞ – encore une fois, même si ce résultat n'est pas un résultat d'équilibre de *J*. Le contraire est bien entendu vrai également. En somme, pour tout jeu *J*, on a

FOLK'S THÉORÈME PARFAIT : **Les résultats coopératifs de *J* coïncident avec les résultats d'équilibre parfait de son superjeu J^∞.**

Encore une fois, la répétition agit comme un mécanisme contraignant : elle permet l'émergence de la coopération alors que celle-ci n'est pas possible dans le jeu statique, même lorsque l'on remplace l'équilibre stratégique comme condition de possibilité par l'exigence beaucoup plus rigoureuse de l'équilibre *parfait*. La restriction concernant le taux d'escompte s'applique encore ici : pour que cela fonctionne, il faut que les taux d'escompte de tous les agents soient bas ; il ne faut pas que ces derniers aient une préférence pour le présent plutôt que pour le futur.

La preuve du Folk's théorème parfait est assez intéressante, et je vais en donner une brève illustration à travers le jeu *K*, pour le résultat coopératif (**É**, **A**). En premier lieu, l'équilibre exige qu'on joue toujours (**É**, **A**). Si Rowena dévie en partageant de manière **C**upide, alors Colin se venge (il joue **V**). Cependant il ne le fait pas pour toujours, mais seulement jusqu'à ce que la déviation de Rowena perde son intérêt. Cela n'est toujours pas suffisant en soi cependant. Il faut que quelque chose incite Colin à poursuivre ses représailles. C'est ici qu'intervient l'idée centrale de la preuve : si Colin ne se venge pas de Rowena, Rowena devra nécessairement punir Colin – en jouant **C** – pour ne s'être pas vengé d'elle. De plus, le processus continue – tout joueur qui ne met pas à exécution une vengeance prescrite est puni par les autres joueurs pour ne l'avoir pas fait.

La société tient en grande partie grâce à ce genre de raisonnement. Si un policier vous arrête pour excès de vitesse, vous ne cherchez pas à le soudoyer par crainte qu'il ne dénonce votre tentative de corruption. Mais pourquoi n'accepterait-il pas votre pot-de-vin ? Parce qu'il craint que vous ne le dénonciez s'il accepte. Mais pourquoi le dénonceriez-vous ? Parce que, si vous ne le faites pas, il pourrait vous dénoncer pour ne l'avoir pas fait. Et ainsi de suite.

Cela nous amène à notre dernier point. La théorie des jeux coopératifs ne consiste pas seulement à présenter tous les résultats coopératifs possibles, mais aussi à choisir entre eux. Il existe diverses manières de procéder, mais la plus connue est sans doute la notion de *cœur*, élaborée par Lloyd Shapley au début des années 1950. On dit que le résultat x d'un jeu est dans son « cœur » si aucune coalition S de joueurs ne peut faire *mieux* – c'est-à-dire procurer à chaque joueur de S un résultat qui soit plus satisfaisant pour lui-même que le résultat qu'il obtient avec x. Notamment, le concept de cœur joue un rôle central dans les applications de la théorie des jeux à l'économie ; en particulier, les résultats appartenant au cœur dans une économie comprenant de nombreux agents insignifiants individuellement sont les mêmes que les résultats concurrentiels (qu'on appelle également walrassiens) – qui se définissent par un système de prix dans lequel l'offre de chaque bien correspond à sa demande (voir, par exemple, Debreu et Scarf 1963, Aumann, 1964). Une autre application très importante du cœur concerne les marchés *appariés* (voir, par exemple, Gale et Shapley, 1962, Roth et Sotomayor, 1990). Le cœur a encore bien d'autres applications (pour des comptes rendus, voir Anderson, 1992, Gabszewicz et Shitovitz, 1992, Kannai, 1992, Kurz, 1994, et Young, 1994).

Ici encore, il y a un rapport étroit avec l'équilibre dans les jeux répétés. Lorsque les joueurs sont en équilibre (stratégique), aucun d'eux n'a intérêt à dévier pour choisir une stratégie différente. L'équilibre *fort* se définit de la même manière, sauf qu'ici aucune coalition n'a intérêt à dévier – car au moins l'un des joueurs déviants ne tire avantage de cette déviation. On formule alors ce

THÉORÈME (AUMANN, 1959) : **les stratégies appartenant au cœur de *J* coïncident avec les résultats d'équilibre fort de son superjeu J^{∞}.**

Dans sa thèse de 1950 où il présentait la notion d'équilibre stratégique et pour laquelle il obtint le prix Nobel d'économie en 1994, John Nash proposait également ce que l'on appelle aujourd'hui le *programme de Nash* – exprimer les notions de l'approche coopérative des jeux en termes de jeu non coopératif soigneusement défini ; jeter un pont entre la théorie des jeux coopératifs et celle des jeux non coopératifs. Les trois théorèmes énoncés plus haut montrent que la répétition constitue précisément un tel pont – c'est une mise en application du programme de Nash.

Dans un passage d'Isaïe (2, 2-4), les nations peuvent briser leurs épées pour en faire des socs lorsqu'il y a une autorité centrale (un dieu que tous reconnaissent). En l'absence d'une telle autorité, il est *possible* d'avoir la paix – aucune nation n'élevant son épée contre une autre. Il faut néanmoins que les épées continuent d'exister – on ne peut en faire des socs – et les nations doivent continuer à *apprendre* la guerre afin de *ne pas* se battre !

> Il adviendra que… viendront des peuples nombreux qui diront, … Venez, montons à la montagne de Yahvé… qu'il nous enseigne ses voies et que nous suivions ses sentiers. … Il jugera entre les nations, il sera l'arbitre de peuples nombreux. Ils martèleront leurs épées pour en faire des socs et leurs lances pour en faire des faucilles. Plus aucune nation ne brandira l'épée contre une autre nation, et l'on n'apprendra plus la guerre.

Cournot et le revenu social

ROBERT SOLOW[1]

Comme tout économiste de langue anglaise, je connaissais de Cournot avant tout la traduction, datant de 1897, des *Recherches sur les principes mathématiques de la théorie des richesses*[2]. Plus précisément, Cournot a toujours été identifié par ses lecteurs anglophones à sa théorie des duopoles, ou plus généralement des marchés avec un nombre de vendeurs restreint, ainsi qu'avec les autres théories élaborées par la suite par Bertrand et von Stackelberg. Beaucoup a été écrit sur Cournot et la théorie des oligopoles, et plus encore sur la notion plus générale de ce qu'on a appelé par la suite l'équilibre de Cournot-Nash dans la théorie des jeux non coopératifs à *n* joueurs. Pour ma part, je ne m'y suis jamais particulièrement intéressé, il serait donc déplacé de choisir ce thème central dans une communication sur Cournot et son œuvre. Je suis donc allé voir ailleurs.

Je n'avais pas relu les *Principes mathématiques* depuis l'époque de ma thèse, il y a soixante ans. Lorsque j'ai rouvert le livre, j'ai été frappé, même dans la traduction, par la vigueur et la clarté de l'esprit de Cournot ainsi que par la modernité manifeste

1. Professeur émérite au MIT, président du Centre Cournot.

2. *Researches into the mathematical principles of the theory of wealth*, trad. Nathaniel T. Bacon, avec un essai sur Cournot et l'économie mathématique ainsi qu'une bibliographie par Irving Fisher, « Economic classics », W. J. Ashley éd., New York-Londres, Macmillan, 1897.

de son approche des mathématiques de l'économie. Irving Fisher a fait la même remarque en 1898 dans son compte rendu de la traduction de Bacon. J'ai en outre découvert deux chapitres que je ne connaissais pas, ou que j'avais oubliés : le chapitre 11, « Du revenu social » et le chapitre 12, « Des variations du revenu social, résultant de la communication des marchés » (qui désigne chez Cournot les échanges internationaux ou interrégionaux). Il semble qu'on ait peu étudié ces chapitres. Ils me paraissent aller au-delà de la théorie du marché unique, vers la macroéconomie, à laquelle je m'intéresse tout particulièrement. C'est pourquoi j'ai décidé de les examiner ici.

Le chapitre 11 s'ouvre sur une impressionnante étude générale du système des marchés multiples qui mérite d'être longuement citée.

> Nous avons examiné jusqu'ici comment la loi de la demande, pour chaque denrée en particulier, combinée avec les circonstances de la production de cette denrée, en déterminait le prix et réglait les revenus des producteurs : nous regardions comme des quantités données et invariables les prix des autres biens et les revenus des autres producteurs ; mais, en réalité, le système économique est un ensemble dont toutes les parties se tiennent et réagissent les unes sur les autres. L'accroissement de revenu des producteurs du bien A influera sur la demande des biens A, B, C etc., sur les revenus des producteurs de ces biens, ce qui entraînera par contre-coup un changement dans la demande du bien A. Il semble donc que dans la solution complète et rigoureuse des problèmes relatifs à quelques parties du système économique, on ne puisse se dispenser d'embrasser le système tout entier. Or ceci surpasserait les forces de l'analyse mathématique et de nos méthodes pratiques de calcul, quand même toutes les valeurs des constantes pourraient être numériquement assignées. L'objet de ce chapitre et du suivant est de montrer jusqu'à quel point on peut, en se tenant dans un certain ordre d'approximation, éluder cette difficulté et faire encore avec le secours des signes mathématiques une analyse utile des questions plus générales que ce sujet fait naître[1].

1. Cournot, *Recherches sur les principes mathématiques de la théorie des richesses*, Paris, Hachette, 1838, § 74 ; rééd. in *Œuvres complètes*, Paris, Vrin, 1980, tome VIII, p. 99.

Cet exposé remarquable annonce clairement Walras et sa théorie de l'équilibre général. Parvenues à un certain degré d'abstraction, « les forces de l'analyse mathématique » ont réussi à produire un modèle cohérent pour décrire un système économique compétitif avec un nombre quelconque de biens, de marchés et de consommateurs, puis à poser les conditions suffisantes pour qu'un équilibre se réalise. Il y a eu un bref échange de correspondance entre Cournot et Walras en 1873-1875[1]. Il s'agit essentiellement d'une correspondance courtoise. Walras reconnaît volontiers que Cournot a été jusqu'ici le seul écrivain à se préoccuper sérieusement de la théorie mathématique des échanges, et l'appelle en une occasion « vénéré maître ». Dans la seule lettre vraiment significative, Walras aborde les équations de l'équilibre du consommateur à *n* biens. Cournot avait alors 72 ans, sa vue est faible (il fallait qu'on lui fasse la lecture, ce qui rendait la compréhension des mathématiques particulièrement difficile) de sorte qu'il ne donne pas vraiment de réponse. De toute manière, il ne s'intéressait pas beaucoup aux rapports des utilités marginales.

La « force de nos méthodes pratiques de calcul » s'est développée au point qu'on a créé des modèles « d'équilibre général calculable », assortis de paramètres estimés et appliqués à des économies en voie de développement. Cournot a eu raison d'insister sur le fait que la difficulté d'assigner des valeurs numériques aux multiples constantes constituait un obstacle majeur à l'application pratique de la théorie de l'équilibre général aux systèmes économiques complexes. Cela reste vrai. Selon moi, cette difficulté est essentiellement ce qui nous pousse à rechercher une approche agrégative en temps réel de l'économie empirique, en somme à tenter de développer le genre de modèles miniatures de l'équilibre général que nous appelons la macroéconomie. Cournot écrivait cent ans avant

1. William Jaffé et Georges Théodule Guilbaud, « La correspondance complète de Cournot et Walras (1873-1875) », *Économie appliquée*, Paris, tome V, janv.-mars 1952, n° 1, pp. 5-33 ; rééd. W. Jaffé (éd.), *Correspondance complète de Cournot et Walras* (1875), *Économie appliquée* (1952), n° 1.

que J. M. Keynes fasse émerger la macroéconomie. Jusqu'où est-il allé ?

Il faut admettre qu'il n'est vraiment pas allé très loin. Les chapitres 11 et 12 m'ont paru plutôt décevants, bien que cela ne soit peut-être que le reflet d'attentes inconsidérément élevées. En fait, je porterai un jugement moins sévère un peu plus loin. Dans son compte rendu globalement très élogieux, Fisher précise que « les deux chapitres de conclusion sur le "Revenu social" sont les moins réussis du livre. Ils font partie de ces innombrables et vaines tentatives pour définir le revenu d'une communauté et analyser ses variations. Cournot perd ici son habituelle clarté ». Il est trop sévère. Au cours de son existence, Irving Fisher a beaucoup réfléchi, et fort subtilement, pour donner une définition adéquate du revenu. Il était légitime qu'il souligne la grossièreté – après tout inévitable – du concept de Cournot, mais il est injuste d'en attendre davantage. Je voudrais me concentrer sur d'autres limites de son analyse du revenu social et de ses variations, mais il va tout de même falloir que je mentionne quelques défauts élémentaires dans ses définitions, bien qu'il ne s'agisse sans doute pas des mêmes que ceux que Fisher avait à l'esprit.

En particulier, Cournot commence par définir le revenu social à partir du revenu compris comme la somme des salaires, profits, rentes, et autres revenus y compris les traitements des travailleurs dits « improductifs ». Je n'y vois aucune objection. Ensuite, en abordant la question du produit, il définit la contribution au revenu social d'un bien donné par *pD*, *p* désignant son prix et *D* le « nombre d'unités livrées annuellement à la consommation[1]. » Il est évident qu'il veut dire « ventes annuelles », et non consommation « finale » au sens où on l'entend aujourd'hui pour la comptabilité nationale. Bien sûr, lorsqu'on fait la somme de ces nombreux *pD* correspondant à divers biens, la valeur de tous les biens intermédiaires (qui forment la production d'une entreprise et la production intermédiaire d'une autre) sera comptée au moins deux fois. Le produit

1. *Recherches*, § 74, p. 100.

reçoit une valeur ajoutée pour chaque bien que l'on doit ajouter, non les ventes. Ce n'est qu'à ce stade qu'on peut élaborer le prix du produit en faisant la somme, pour le décomposer, selon le souhait de Cournot, des « rentes des propriétaires et des capitalistes qui ont fourni les matières premières et les instruments pour les mettre en œuvre, les profits et les salaires des divers agents industrieux qui ont concouru à (le) produire et à l'apporter au marché. » Nous savons qu'alors, les deux sommes doivent être égales.

Pourquoi Cournot a-t-il commis cette erreur ? Naturellement, le concept de « valeur ajoutée » n'existait pas encore. Peut-être voyait-il chacun de ses producteurs pris dans un type d'intégration verticale, ou bien il pensait peut-être, dans le contexte de 1838, que pour une première approximation, on pouvait négliger les biens intermédiaires sans commettre d'erreur importante. La liste des agents participant à la production que je viens de citer n'admet aucune des deux hypothèses. Apparemment, il n'a pas identifié le problème. Nous pouvons examiner ses autres idées en posant l'une ou l'autre de ces hypothèses à sa place, même si lui-même ne l'a pas fait.

Cournot se pose ensuite le problème suivant : pour un bien A, soit p_0 le prix initial et D_0 la quantité produite, un événement exogène cause un changement dans le prix qui devient alors p_1 tandis que la quantité correspondante devient D_1. Par souci du concret, il suppose que le prix a augmenté et la quantité diminué tandis que le revenu a baissé, $p_1D_1 < p_0D_0$. (Nous dirions que l'élasticité de la demande est supérieure à l'unité ; Cournot possède le concept, mais pas l'expression.) Quel sera en dernier ressort l'effet sur le revenu social ?

Il fait un calcul assez abscons pour démontrer le fait évident que les consommateurs du bien A auront $p_0D_0 - p_1D_1$ de plus à dépenser pour acheter d'autres biens par rapport à leur dépense initiale (le manque de clarté semble venir du fait qu'il suppose que la diminution de la demande du bien A vient du refus d'une partie des consommateurs d'acheter du bien A, tandis que les autres continuent à acheter la même quantité qu'avant, sans qu'il y ait de comportement intermédiaire). Cela correspond exactement au montant de la diminution qu'ont subi les revenus des producteurs du bien A à cause de la modification du prix. Il suppose que tous les revenus sont dépensés, de sorte qu'aucun impact sur des dépenses concernant d'autres secteurs de l'économie n'apparaît clairement. Il y aura toutefois des variations dans la consommation des biens B, C, D, etc. dues au changement du prix de A, et par conséquent des perturbations dans les revenus des producteurs de ces biens, ainsi que dans la demande du bien A. Tous ces effets seront cependant minimes ; certains seront positifs, d'autres négatifs. Si bien qu'on peut les ignorer. Aux quantités près du second ordre, dit Cournot, la (très petite) augmentation du prix de A entre p_0 et p_1 a réduit le revenu social de $p_0D_0 - p_1D_1$. N'oublions pas que Cournot – et cela n'a rien d'étonnant – considère tout du long que le revenu se trouve entièrement dépensé ; il n'y a pas d'épargne nette.

Je suppose qu'un puriste ferait la moue et dirait que, après quelques jolies formules qui ressemblent à du Walras au début du chapitre, Cournot abandonne tout bonnement l'idée de l'équilibre général. De ce point de vue, cela est vrai. Un spécialiste pragmatique de la macroéconomie applaudirait Cournot. Il a trouvé une solution pour parvenir à la simplification qui rend possible la macroéconomie. Traiter l'économie comme si c'était un univers ne comportant qu'un bien (ou peut-être deux biens), c'est espérer que les variations des prix relatifs, bien qu'elles affectent les quantités relatives, pourraient n'avoir que des effets de second ordre sur des phénomènes d'ensemble tels que le revenu social. Nul ne saurait croire que cela marche à tous les coups, même dans des cas non extrêmes. Cela peut néanmoins marcher assez souvent pour servir de base à la macroéconomie.

L'étape suivante dans le raisonnement de Cournot est intéressante et comporte également des résonances modernes. Il observe que dans la situation nouvelle, les acheteurs du bien A achètent plus cher une quantité moins importante et se trouvent par conséquent désavantagés par rapport à leur situation initiale. En fait, précise-t-il, c'est comme s'ils avaient perdu, à titre de revenus, une somme égale à $(p_1 - p_0)D_1$ tandis que le prix n'a pas changé. (J. R. Hicks aurait expliqué cela de façon un peu différente et plus exhaustive, pour la bonne raison qu'il était à l'aise avec les utilités marginales.) Cournot poursuit en disant que cette diminution implicite de revenu, ajoutée à la perte de revenu subie par les producteurs de A, $p_0D_0 - p_1D_1$ équivaut à la somme $p_0(D_0 - D_1)$, qu'il appelle diminution réelle du revenu social, par opposition à la réduction *nominale* $P_0D_0 - P_1D_1$. Remarquez que la perte réelle concerne la variation de la quantité dont le prix est évalué selon un taux annuel. Cela pourrait rappeler les mesures de type Laspeyres. À supposer que la demande du bien A soit relativement peu élastique, de sorte qu'une augmentation du prix implique que $p_1D_1 > p_0D_0$: Cournot montre que le revenu social nominal *augmentera* alors que le revenu social *réel* se trouve encore diminué par l'augmentation du prix de P_0 à P_1.

Les conclusions de Cournot sur les variations du revenu social réel conséquentes à une augmentation de prix sont particulièrement pertinentes lorsque la cause de l'augmentation du prix est une augmentation des coûts. L'idée qu'une augmentation des coûts à un niveau quelconque pourrait engendrer, par principe, du profit à tous les niveaux, heurterait notre bon sens. Cournot applique le même raisonnement au cas tout à fait différent dans lequel la hausse du prix d'un bien A est due à l'imposition d'une taxe à l'achat de A. Il avait examiné le cas en détail plus haut dans son ouvrage au moment où il traitait de la concurrence et des oligopoles dans un marché unique et isolé. Cependant, sur le problème du revenu social, son analyse demeure incomplète. Une taxe constitue un revenu ; et à ma connaissance, il ne se préoccupe pas de savoir quel *usage* on fait du revenu apporté par la taxe, ni du bénéfice que pourrait en tirer la société. Son raisonnement s'applique à une situation dans laquelle les recettes fiscales sont affectées à des dépenses inutiles ou gaspillées. Alors, bien sûr, la taxe est rigoureusement analogue à une augmentation des coûts.

Supposons que les coûts de production d'un bien A baissent et que son prix baisse conséquemment. Alors, l'argument précédemment avancé est valable en inversant les signes et le revenu social réel augmente (bien que comme auparavant, le revenu social nominal puisse varier dans un sens ou dans l'autre, selon les circonstances). Cournot ajoute alors une remarque intéressante :

Dans l'évaluation de l'accroissement réel du revenu social, causé par la baisse de prix, on ne tient pas compte de l'avantage qui consiste, pour les nouveaux consommateurs du bien, à faire un emploi plus à leur goût d'une portion de leurs revenus ; parce que cet avantage n'est pas numériquement appréciable, et ne constitue pas en soi une richesse nouvelle, bien qu'il puisse amener ultérieurement un accroissement de richesse, si la denrée A est la matière première d'autres produits, ou l'instrument d'autres productions[1].

Je ne sais pas très bien ce que notre auteur avait à l'esprit ici. Peut-être reconnaissait-il l'importance des utilités marginales ; souvenez-vous que cela se passe en 1838 et que l'on n'avait pas encore introduit la notion d'« utilité » en économie. L'autre remarque sur le fait qu'une baisse du prix de A crée la possibilité d'un investissement dans d'autres secteurs, serait tout aussi valable – (dans un sens opposé, bien entendu) si le coût de production de A augmentait.

Cournot est parfaitement conscient que, essentiellement, tout ce qu'il dit dans le chapitre 11 résulte de calculs de prix et de quantités avant et après, sans tenir compte de causes plus profondes pour expliquer les comportements. Il tente ensuite quelque chose d'un peu plus ambitieux, mais en conservant la même technique. Soient deux biens A et B, dont le prix et la quantité changent pour une raison quelconque. Les changements sont exogènes ; les marchés de A et B n'interférant pas l'un avec l'autre. Tous les autres prix et toutes les autres quantités ne subissent aucune altération, si l'on applique encore la simplification déjà utilisée. Les prix et les quantités se rapportant à A s'expriment comme précédemment ; les prix et les quantités se rapportant à B sont analogues, à part l'accent qui les distingue, soit p', D'.

---

1. *Recherches*, § 81, p. 106.

Dans l'expérience particulière que Cournot veut mener, une portion *h* est distraite de la demande du bien A, et appliquée intégralement à la demande de B. On a ainsi :

$P_0 D_0 - p_1 D_1 = h = p_{1'} D_{1'} - p_0' D_{0'}$.

Dans le langage de Cournot, le revenu social nominal n'aura subi aucune variation. Il précise, en invoquant une conclusion antérieure, que le revenu social réel a diminué de $p_0(D_0 - D_1)$ en rapport avec la denrée A, et qu'il a augmenté de $p_1'(D_1' - D_0')$ pour ce qui concerne la denrée B. On peut mesurer ce qu'il advient du revenu social réel en comparant ces deux expressions d'une valeur. Et à partir du résultat précédent concernant le revenu social nominal, on peut faire une comparaison analogue exprimée par $(p_0' - p_{1'})D_0'$ et $(p_1 - p_0)D_1$.

Il y a quelque chose de singulier ici. L'expression que choisit d'abord Cournot pour exprimer la variation du revenu social du fait de A correspond exactement à l'expression « Laspeyres » qu'il avait déduite auparavant : le changement de la quantité évaluée au prix de la période de base. Quand il s'agit du bien B il passe à une expression de type « Passche » où la variation de la quantité est évaluée selon le prix de la seconde période. Il ne propose aucune explication à ce changement, et il ne semble pas y en avoir. A et B ne sont après tout que des étiquettes. Aucune différence n'apparaîtrait si on devait intervertir leurs rôles. Si on s'en tient au prix annuel, cela donne une situation légèrement différente et légèrement plus propice à une augmentation du revenu social réel, mais pas de changement radical.

Quelques exercices du même genre sont menés dans le chapitre 11, mais ce n'est pas la peine de les passer en revue. En revanche, je voudrais souligner un autre aspect résolument moderne : à la fin du chapitre, Cournot insiste sur le fait que, pour ce qui concerne le revenu social, on ne fait pas de distinction particulière entre les biens et les services. Le bien A peut très bien être des boissons alcoolisées et la denrée B des représentations théâtrales. Pour l'arithmétique de Cournot, cela ne fait aucune différence. Aujourd'hui encore, on a tendance à exagérer la différence entre les biens matériels et les services immatériels. Cournot n'a jamais cédé à cette tentation.

Avant d'examiner le chapitre 12, je dois dire pourquoi cette partie des *Principes mathématiques* m'a déçu. On peut le lire en comparant ce que dit Cournot sur les variations du revenu social avec ce qu'il dit dans les chapitres précédents sur le monopole, le duopole et la concurrence lorsqu'il analyse avec habileté et originalité la façon dont fonctionne une économie de marché. Il observe les mécanismes d'un marché comportant peu de vendeurs et beaucoup d'acheteurs, et conclut en faisant des propositions sur les résultats probables quant au prix et à la quantité, et sur les caractéristiques de l'environnement dans lesquelles émerge ce résultat.

C'est exactement ce que tente de faire la macroéconomie à l'échelle de l'économie tout entière plutôt qu'à celle d'un marché unique. Son problème est qu'elle le fait tout en sachant que les résultats globaux sont déterminés par des milliers de marchés interdépendants, mais que ce processus, selon ses propres termes, est trop complexe pour être traité de façon concrète.

Les chapitres 11 et 12 ne se réduisent pas à cela. Comme on l'a vu, il n'y a pas d'éléments mobiles, pas d'« équations comportementales ». Les corrélations entre les marchés se trouvent suspendues par hypothèse. On ne s'intéresse plus aux mécanismes ; à la place, Cournot nous donne une variation plus ou moins arbitraire et immotivée du prix et de la quantité sur un ou deux marchés, puis il nous invite à réfléchir à l'arithmétique liée à la situation d'avant et à celle d'après.

J'ai bien conscience que ma déception est de mon propre fait, qu'elle résulte en quelque sorte d'une mauvaise interprétation des intentions de Cournot. Son usage de l'expression « revenu social » n'est pas une référence par anticipation, un siècle à l'avance, à la macroéconomie. Cela aurait tenu du miracle. En fait, il fait une incursion dans l'économie sociale. Sa référence au revenu social préfigure la communication de Samuelson, en 1950, intitulée « Évaluation du revenu national réel[1] ».

1. Paul A. Samuelson, « Evaluation of Real National Income », *Oxford Economic Papers*, New Series, vol. 2, n° 1 (janv. 1950), pp. 1-29.

Il ne s'agit peut-être pas d'un miracle, mais cela témoigne tout de même de l'originalité de Cournot. Plus ou moins dans l'esprit de la « préférence révélée », il tente de fonder des jugements explicites à propos des variations du bien-être social sur des prix et des quantités observables. Il n'y parvient pas tout à fait, essentiellement parce qu'il ne disposait pas des bases théoriques qui sont venues presque un demi-siècle plus tard, avec la théorie subjective de la valeur. Je suis cependant séduit par le réel intérêt que Cournot porte aux phénomènes observables : il ouvre la voie, comme je l'ai déjà signalé, à la théorie des indices.

Je me tourne à présent vers ce que dit le chapitre 12 du commerce international. Il faut prendre en compte une nouvelle notation. « A » désigne désormais le pays d'exportation du bien M, et B le pays d'importation. À une époque donnée où les échanges ne sont pas possibles, *pa, Da, pb, Db* désignent les prix et les quantités de M dans les pays respectifs ; les mêmes symboles accompagnés du signe prime représentent les prix et les quantités produites de M une fois que les échanges ont lieu. Dans cette situation d'après l'échange, A exporte une quantité *E* de denrée M vers le pays B ; et les consommateurs du marché A achètent une quantité Δ, en sorte que $Da' = \Delta + E$.

Dans une situation normale, si A exporte M lorsque débute l'échange, le prix de M sur le marché national de même que sa production augmenteront. Le calcul quelque peu « opaque » dont j'ai parlé plus haut s'applique ici également ; il est un peu plus clair cette fois. Il montre que les consommateurs sur le marché A doivent dépenser plus pour acheter M que lorsqu'ils étaient en autarcie, et ont donc moins d'argent disponible pour les biens N, P, Q, etc. qui ne proviennent pas d'un échange. Le « surplus » que les acheteurs dépensent pour se procurer M revient sous forme de revenu aux producteurs de M, qui ne peuvent le dépenser que pour se procurer N, P, Q. Cournot conclut en disant que les dépenses totales affectées à d'autres biens sur le marché A ne sont pas affectées par la mise en place de l'échange. Il invoque ensuite la même « simplification » – ou renonciation – que j'ai critiquée plus haut pour affirmer que toute réaction subséquente sera probablement infime. Par conséquent,

« … le revenu national en A, ou la totalité des revenus des producteurs A, a augmenté, en suite de l'exportation du bien M, d'une valeur égale à $p'aD'a - paDa$[1] ».

C'est ce que Cournot appelle une variation du revenu nominal, elle est toujours positive. Il la traduit en variation du revenu réel, comme dans le chapitre 11, et montre qu'elle est elle aussi toujours positive. (Le même choix singulier – à mon avis – de prix est opéré durant la conversion ; mais un usage cohérent de prix annuels donne les mêmes résultats qualitatifs.) Si bien que l'ouverture de relations commerciales, pour une seule denrée, accroît le « revenu national réel » du pays exportateur.

Cournot porte ensuite son attention sur le marché B, le pays importateur. Selon la même méthode, il découvre que le revenu national nominal de B a diminué dans une mesure exactement égale à l'augmentation du revenu national nominal de A. Cela lui permet de calculer le revenu national réel de B ; celui-ci a diminué, mais pas autant qu'a augmenté celui de A. Suit un paragraphe qui vaut la peine d'être cité :

> Nous ne tenons pas compte, en déduction de cette diminution réelle de revenu, de l'avantage résultant pour les consommateurs, qui achètent par suite de la baisse, de ce qu'ils font ainsi, d'une portion de leurs revenus, un emploi plus à leur convenance. Cet avantage n'est pas susceptible d'évaluation, et ne peut qu'accroître indirectement la masse des richesses, dans le cas où la denrée baissée de prix serait la matière première ou l'instrument de production ultérieurs, circonstance que l'on doit considérer à part, dans chaque application particulière[2].

Les méthodes de Cournot ne sont tout bonnement pas en mesure d'inclure les calculs des « gains du commerce » qui vont de soi aujourd'hui. On ne saurait examiner avec sérieux l'avantage qui résulte pour le pays B sans avoir recours à deux outils largement postérieurs à son travail : la théorie de l'équili-

---

1. *Recherches*, § 88, p. 115.
2. *Recherches*, § 89, p. 116.

bre général explicite et la théorie subjective de la valeur. Cournot discerne parfaitement le problème, ce qui doit susciter notre admiration, mais il ne possède pas les outils pour le traiter.

Je m'autorise une digression afin que je puisse rendre hommage à Cournot pour une autre analyse assez succincte, qui témoigne de sa rigueur. Il souligne que les biens exportés valent plus cher dans le pays d'importation que dans le pays d'exportation, hausse qui s'exprime ainsi : $(Pb' - Pa')E$. Ce montant revient au commerce de transport – sous forme de frais de transport ou de bénéfices pour les négociants – qui peut être effectué par des nationaux de A, de B ou d'une nation étrangère. Il calcule ensuite que s'il représente un revenu pour la nation B, le pays importateur, la variation du revenu national réel passe du négatif au positif.

Cela est très clair, et Cournot généralise l'énoncé :

> [...] (L)e plus grand développement des communications entre les fractions d'un même territoire [...] toutes choses égales d'ailleurs, [...] porte nécessairement au maximum la valeur réelle du revenu national et détermine l'exploitation la plus avantageuse[1].

Il nous fait ensuite remarquer, de manière assez acerbe, que « l'école de Smith » a avancé le même argument, « tandis qu'il y a disparité essentielle entre l'exemple apporté en preuve et le cas auquel on voulait l'appliquer ». Je vous l'accorde, M. Cournot, vous l'emportez cette fois-ci.

Suit en revanche un passage qui présenterait un grand intérêt pour qui étudie l'art de la discussion. Cournot a bien conscience qu'il a soulevé un argument qui semblerait encourager le protectionnisme de la part de la nation B dont le revenu national réel a sans doute diminué avec la réalisation de l'échange. « L'école de Smith » lui objecterait que, tout compte fait, le commerce entre A et B s'équilibre nécessairement, si on considère qu'ils sont les seuls partenaires. De sorte que l'asymétrie entre A et B doit disparaître. Chacun jouera à la fois le rôle

1. *Recherches*, § 90, pp. 118-119.

d'importateur et celui d'exportateur, « ce qui compliquerait beaucoup le problème et conduirait à un résultat composé ».

Passons à l'art de la discussion. Cournot reprend : telle n'était pas notre hypothèse ; selon notre hypothèse, l'échange entre A et B s'établit seulement par rapport au bien M. « Quel sera l'effet de cette chute de barrières qui n'affecte qu'une seule denrée ? » Selon notre hypothèse, « les marchés A et B ne se trouvent pas placés dans des conditions symétriques, il n'est (donc) pas étonnant que l'on arrive pour les deux marchés à des formules non symétriques, et même à des résultats de sens opposés[1] ». En effet, poursuit-il, j'ai montré pourquoi un gouvernement pourrait chercher à encourager les exportations et à freiner les importations d'un bien produit sur le marché national. Il admet que s'il y avait un risque de représailles, les marchés A et B se trouveraient replacés dans des conditions symétriques, et il serait impossible de dire ce qui va se passer. En tout cas, cela laisse complètement de côté le débat actuel sur les bénéfices du commerce.

Le débat unilatéral entre Cournot d'une part et Smith et Say de l'autre se poursuit jusqu'à la fin des *Principes mathématiques*. Pour des raisons sans doute liées à la politique de l'époque, Cournot semble pencher du côté du protectionnisme tandis que l'économiste mathématicien en lui exige qu'il s'en tienne à ce qu'il peut démontrer. Il finit comme on fait souvent par éluder maladroitement la difficulté :

> Si nous avons cherché à combattre la doctrine de l'école de Smith sur les barrières, c'était dans l'intérêt de la théorie, et nullement pour nous constituer l'avocat des lois prohibitives et restrictives[2].

Suit une déclaration très surprenante :

> D'ailleurs, il faut bien le reconnaître, des questions telles que celles de la liberté commerciale, ne se résolvent ni par les argumentations des docteurs, ni même par la sagesse des hommes d'État.

1. *Recherches*, § 91, p. 120.
2. *Recherches*, § 95, p. 125.

> Une force supérieure pousse les nations dans telle ou telle voie, et quand un système a fait son temps, de bonnes raisons ne peuvent pas plus que des sophismes lui rendre la vie qu'il a perdue[1].

Je préfère de beaucoup la réponse de Laplace à Napoléon lorsque, selon la petite histoire, celui-ci lui demanda où était le dieu dans ses équations du mouvement : « Sire, je n'avais pas besoin de cette hypothèse. »

Dans l'entrée principale de la faculté d'économie du MIT, on a accroché une série de portraits de grands économistes. Antoine-Augustin Cournot se trouve entre John Stuart Mill et Léon Walras, en face de John von Neumann. Je ne suis pas capable de déterminer les capacités cognitives d'une personne ni son caractère à partir des traits de son visage, et je doute que quiconque puisse le faire ; mais en relisant les *Principes mathématiques* j'ai eu la conviction que Cournot y avait sa place. Cet ouvrage est un monument pour son temps ; et l'énergie avec laquelle Cournot défend ses positions n'a rien de daté, au contraire.

Oui, les chapitres 11 et 12 sont décevants. J'avais espéré que Cournot fût allé plus loin sur la voie de la macroéconomie moderne ou celle de l'économie sociale. Il s'agissait là de mes propres espoirs et de mes propres attentes, et cela ne compte donc pas. Ce qui est important, c'est que ces chapitres aient pu nous donner pas mal d'espoir quant aux progrès de l'économie en tant que discipline. On comprend mieux aujourd'hui les variations du revenu social ainsi que les profits tirés du commerce international, et même les duopoles, les oligopoles et la concurrence qu'il était possible à Cournot de le faire, mais c'est en partie parce que les sciences économiques se sont appuyées sur son travail. Je ne suis pas aussi certain que nous avons dépassé Cournot dans le domaine de l'application des résultats de la recherche en économie dans les décisions politiques, non pas parce qu'il y excellait mais parce que nous en sommes tellement incapables. Tel est, je crois, l'objectif essentiel du Centre Cournot, et il porte bien son nom.

---

1. *Ibid.*

Comparer l'incomparable : essai sur les usages sociaux des probabilités et des statistiques

ALAIN DESROSIÈRES[1]

Dans la première moitié du XIXe siècle, les pionniers des sciences dites morales (les futures sciences sociales) ont été vivement intéressés par les modes de raisonnement probabilistes et quantitatifs, issus de la tradition des philosophes et des astronomes du XVIIIe siècle. Deux hommes symbolisent ce moment, qualifié d'« ère de l'enthousiasme pour les chiffres » par l'historien Westergaard : le Belge Adolphe Quetelet (1796-1874) et le Français Augustin Cournot (1801-1877). Cependant, à la différence de Quetelet qui fut le promoteur des bureaux de statistique administrative, Cournot s'est moins consacré à la mise en œuvre effective des méthodes quantitatives dans les sciences et dans la société qu'à l'étude des implications philosophiques, en termes de théorie de la connaissance, du recours à ces façons nouvelles de raisonner et d'argumenter. Son ouvrage de 1843, *Exposition de la théorie des chances et des probabilités,* traite en détail de ces questions.

Le lecteur du XXIe siècle ne peut manquer d'observer que Cournot prend subtilement ses distances par rapport à l'interprétation scientiste et objectiviste qui était alors celle des statisticiens fréquentistes, dont Quetelet était le chef de file[2]. Dans

1. Centre Alexandre Koyré d'histoire des sciences.

2. Alors que certains historiens voient en Cournot un tenant de cette interprétation fréquentiste, Thierry Martin (1994) montre que « si le concept de probabilité mathématique ne reçoit pas chez Cournot une détermination

cette perspective fréquentiste (popularisée par l'expression « loi des grands nombres »), la quantification est présentée comme l'outil exemplaire de « l'objectivité », du « langage commun », du « diagnostic partagé » entre des observateurs ou des acteurs, qui, grâce à elle, peuvent se rejoindre, en surmontant les différences entre les subjectivités des uns et des autres, et, en conséquence, en substituant le langage de la raison à celui des passions. Or, à plusieurs reprises, Cournot a évoqué la question centrale de l'interprétation, qui sous-tend à la fois la construction, la mise en forme et les conclusions des arguments quantitatifs. Ce faisant, il insère ce mode de raisonnement dans une réflexion ouverte sur les façons de connaître, alors que, souvent, ces arguments sont avancés pour clore un débat. Il le fait notamment à propos de deux questions. D'une part, il introduit la distinction entre des probabilités dites *objectives* et *subjectives*. D'autre part, il discute l'interprétation des *coupes* : celles-ci sont les catégories, organisées par les statisticiens selon des conventions d'équivalence, pour ordonner et comparer leurs objets d'étude[1]. Les postérités de ces deux intuitions seront rappelées, puis on examinera comment elles peuvent être mises en œuvre dans trois contextes où des arguments quantitatifs sont souvent mobilisés : la maîtrise des risques, les politiques macroéconomiques et l'évaluation des politiques publiques. Cet essai tente de revenir, bien sûr avec d'autres outils, sur certaines questions que pose Cournot dans son *Exposition.*

---

univoque [...], c'est parce qu'il s'agit, pour lui, d'ordonner ses diverses significations, afin d'apprécier la valeur des résultats auxquels aboutit le calcul ». Dans ce même esprit, il s'agit ici aussi, pour nous, d'explorer la multiplicité des significations et des interprétations que peuvent recevoir des énoncés probabilistes et statistiques.

1. Cet essai emprunte son titre, « Comparer l'incomparable », au livre de Marcel Detienne (2000), qui critique le fait que l'histoire, souvent écrite d'un point de vue nationaliste, considère la nation de l'historien comme radicalement incomparable aux autres nations, ce qui condamne tout comparatisme historique. La statistique est précisément un moyen conventionnel, parmi d'autres, de comparer l'incomparable. Maintes controverses à son sujet portent précisément sur cette question de la comparabilité.

Comment articuler les outils probabilistes et les méthodes statistiques avec d'autres moyens de connaître et d'agir ? Quelles conventions implique cette articulation ? Peut-on compléter l'examen logique serré de Cournot sur ces questions par une étude empirique des usages sociaux de ces outils, tels qu'ils ont été développés depuis deux siècles ?

Cournot a été le premier à insister avec force sur la dualité du calcul des probabilités : d'une part, le calcul quantifie des *raisons de croire*, et, d'autre part, il prend appui souvent (mais pas toujours) sur des *fréquences observées*. Présente dès son origine dans les années 1660 (Hacking, 1975), cette dualité a été qualifiée de diverses façons. Condorcet distingue « motif de croire » et « facilité ». Cournot parle de « chance » et de « probabilité ». Carnap oppose les probabilités « inductives » et « statistiques ». L'aspect décisionnel, fondé sur les « raisons de croire », a prédominé au XVIIIe siècle (Daston, 1989), avec notamment les procédures issues du théorème de Bayes. Celui-ci propose une façon de tenir compte d'une information partielle sur des situations inconnues, afin d'estimer une « probabilité des causes » permettant d'étayer une décision. Cette façon de raisonner sera contestée au XIXe siècle, dans une perspective fréquentiste, qui distingue radicalement les décisions fondées sur des appréciations non quantifiables (par exemple celle d'un jury d'assises), et celles qui s'appuient sur des observations répétées, fournies notamment par les nouveaux bureaux de statistique impulsés par Quetelet. Pour les fréquentistes, la procédure bayésienne, combinant des observations en petit nombre avec une « probabilité a priori » purement conjecturale pour en inférer une « probabilité a posteriori » mieux assurée, apparaît comme une fantaisie. En effet, le choix des probabilités a priori étant souvent arbitraire, le raisonnement semble bâti sur du sable. Au XXe siècle, en revanche, la question de la prise de décision en situation d'incertitude suscite un regain d'intérêt, avec les travaux de Keynes, de De Finetti, de Savage. Les discussions sur le bayésianisme et son interprétation redeviennent alors de première importance. Or Cournot avait pressenti, dès 1843, cette importance du raisonnement bayésien, à un moment où celui-ci était plutôt discrédité :

> Une règle dont le premier énoncé appartient à l'Anglais Bayes, et sur laquelle Condorcet et Laplace ont voulu édifier la doctrine des probabilités a posteriori, est devenue la source de nombreuses équivoques qu'il faut d'abord éclaircir, d'erreurs graves qu'il faut rectifier, et qui se rectifient dès qu'on a présente à l'esprit la distinction fondamentale entre les probabilités qui ont une existence objective, qui donnent la mesure de la possibilité des choses, et les probabilités subjectives, relatives en partie à nos connaissances, en partie à notre ignorance, variables d'une intelligence à une autre, *selon leurs capacités et les données qui leur sont fournies*[1]. (Cournot, *Exposition de la théorie des chances et des probabilités,* 1843, p. 155.)

Au XXe siècle, l'idée que les probabilités subjectives sont « variables d'une intelligence à une autre » fera l'objet de recherches en psychologic expérimentale, notamment dans les travaux de Kahneman et Tversky (1973), qui montrent que l'esprit humain ne fonctionne pas selon les hypothèses de Bayes. Puis ces résultats seront à leur tour contestés par Gigerenzer et Murray (1987), qui critiquent la pauvreté de son cadre expérimental et la fragilité des interprétations (Amosse, Andrieux, Muller, 2001). L'intérêt de ces controverses est de centrer le débat sur une question empirique : comment l'esprit humain combine-t-il des informations quantitatives avec *d'autres informations*, antérieures ou d'une autre naturc ? Cette démarche est différente de celle qui consiste à réduire la recherche à l'étude exclusive d'un fichier de données, supposé contenir toute l'information utile. De fait, la statistique inférentielle a fait, depuis les années 1930 et les travaux de Ronald Fisher, William Gosset (*alias* Student), Jerzy Neyman et Egon Pearson, de remarquables progrès pour estimer des paramètres et pour tester des hypothèses théoriques sur de tels fichiers.

1. Souligné par nous.

Explorer les zones de contact entre des énoncés relevant de registres différents

La question de l'interprétation, c'est-à-dire de l'articulation du savoir produit de cette façon avec *ce qu'on sait (ou croit savoir) par ailleurs*, est moins bien maîtrisée par les statisticiens mathématiques purs. Or c'est précisément ce type de question que Cournot avait soulevé dès 1843. On s'intéressera ici aux zones de contact, ou de médiation, entre les rhétoriques statistiques et les autres rhétoriques[1]. Les progrès de la statistique mathématique, et notamment des modèles économétriques[2], ont eu pour effet d'agrandir l'espace à l'intérieur duquel des rhétoriques purement statistiques, s'enchaînant et se répondant les unes aux autres, semblent se suffire à elles-mêmes, et ont de moins en moins de contacts avec d'autres manières d'argumenter. Cette évolution va de pair avec une professionnalisation accrue des statisticiens et des économètres. Il n'en allait pas de même au XIXe siècle, en un temps où les méthodes d'analyse étaient moins sophistiquées et où les divisions du travail, cognitives et professionnelles, étaient moins marquées. Les questions soulevées par le franchissement des zones de contact étaient alors plus visibles, et donc souvent plus explicitées et plus discutées qu'elles ne le sont aujourd'hui.

Il ne s'agit, dans ce qui suit, ni de critiquer ou dénoncer les usages actuels des méthodes quantitatives, ni d'approfondir les

---

1. Le mot « rhétorique » n'a pas ici le sens péjoratif qu'il a parfois en français, mais celui, neutre, de forme d'argumentation, ou, comme le dit Hacking, de « style de raisonnement ».

2. Cette interrogation a des liens avec les travaux sur l'histoire et la sociologie de la modélisation et sur le rôle des modèles, menés dans le monde anglo-saxon par Mary Morgan et Margaret Morrison (1999), sous le titre significatif *Models as Mediators,* et en France, au Centre Alexandre Koyré, par Michel Armatte et Amy Dahan-Dalmedico (2004). Dans cette perspective le *modèle* est *médiateur* de deux façons, d'une part, entre un monde non formalisé et des formalismes, et d'autre part, en tant que *langage commun* entre des acteurs. Cette façon de voir s'applique, plus généralement, aux procédures de quantification.

questions épistémologiques soulevées par celles-ci, ni de proposer, de façon normative, une meilleure méthodologie, mais seulement de suggérer des pistes pour des études empiriques sur les pratiques statistiques et, plus précisément, sur ce qui se passe dans cette zone de contact par laquelle s'échangent, d'une part, des énoncés quantifiés et inscrits dans des modèles plus ou moins formels, et d'autre part des énoncés en langue naturelle, non quantifiés. En quoi le monde est-il changé par la production et la circulation des premiers ? Dans quelle mesure ceux-ci permettent-ils ou non de produire des interprétations unifiées et non discutées, comme leurs producteurs et leurs utilisateurs le souhaitent, sinon le revendiquent ? Si ce n'est pas le cas, comment analyser la variabilité de ces interprétations ?

De fait, quand Cournot remarquait que les probabilités subjectives sont « variables d'une intelligence à une autre », il n'approfondissait pas les formes et les causes de cette variabilité : sont-elles psychologiques, culturelles, liées à l'histoire personnelle antérieure ? Les recherches ultérieures ont approfondi ces points. Il a pourtant vu un aspect du travail statistique pour lequel la question de l'articulation avec un savoir préalable est cruciale : ce qu'il appelle le « choix des coupes », c'est-à-dire des nomenclatures. Remarquant que, si l'on classe les départements français selon une variable quelconque (alphabétisation, criminalité...), il se demande si les « bien classés » et les « mal classés » résultent d'aléas ou, au contraire, de quelque particularité pertinente. De nos jours, les moyens de calcul rapide permettent au statisticien rusé (ou, pour certains, peu honnête), de calculer toutes les corrélations possibles dans un fichier, de choisir « les meilleures », et *ensuite* de formuler les hypothèses qui seront miraculeusement confirmées par les données du fichier. Or cette question avait été explicitée par Cournot dès 1843, quand il parlait précisément du « jugement préalable qui oriente le regard sur la coupe » (c'est-à-dire la nomenclature), et l'interprétation des « écarts observés » :

> L'autre élément consiste dans un jugement préalable, en vertu duquel nous regardons la coupe qui a donné lieu à l'écart observé,

> comme une de celles qu'il est naturel d'essayer, dans la multitude des divisions possibles, et non pas comme une de celles qui ne fixent l'attention qu'en raison même de l'écart observé. Or, ce jugement préalable, par lequel l'expérience statistique nous semble devoir être dirigée sur telle coupe plutôt que sur telle autre, tient à des motifs dont la valeur ne peut être appréciée rigoureusement, et *peut être appréciée différemment par des esprits divers*[1]. C'est un jugement conjectural, fondé lui-même sur des probabilités, mais sur des probabilités qui ne se résolvent pas dans une énumération de chances, et dont la discussion n'appartient pas proprement à la doctrine des probabilités mathématiques. (Cournot, *Exposition...*, 1843, p. 196.)

Dans ce raisonnement, la « coupe » (ici les départements français) est donnée, mais on ne peut pas faire comme si on ne savait rien au préalable sur les particularités du département de la Seine (qui inclut Paris) ou sur la Corse, qui est une île. Cependant, Cournot ne s'interroge pas sur la genèse des « coupes » (ici les départements). Or la construction, le codage puis l'interprétation des nomenclatures statistiques constituent des moments privilégiés pour l'étude des zones de contact mentionnées ci-dessus. Une catégorie statistique résulte d'une convention d'équivalence. Le verbe *convenir*, dont est issu le mot *convention*, évoque la procédure sociale dont résulte la catégorie. Cette procédure est un élément clé de la zone de contact[2].

Le doute méthodologique exprimé par Cournot n'est cependant pas le produit d'un quelconque relativisme sceptique, qui tendrait à suggérer (comme le font certains dans des contextes polémiques), qu'« on peut faire dire n'importe quoi aux statistiques... »[3]. Bien au contraire, dans une perspective qui le rapproche finalement de Quetelet, il considère que la croyance en

1. Souligné par nous.

2. Diverses recherches sur ces procédures ont été menées depuis les années 1970. Une revue de plusieurs d'entre elles est présentée dans le chapitre 8 de Desrosières (2000).

3. Sans parler de la sarcastique et récurrente citation de Disraeli : « On peut mentir de trois façons : les mensonges, les sacrés mensonges, les statistiques (*lies, damned lies, statistics*). »

certaines vérités repose sur un ordre rationnel, supérieur aux subjectivités individuelles. Ainsi la variabilité des perceptions et des interprétations est ici rabattue par lui sur le registre de l'erreur individuelle, ce qui était le langage des astronomes du XVIIIe siècle. L'objectivité est induite par la mise en moyenne, qui, par la magie de la loi des grands nombres, permet de fondre les observations individuelles contingentes en des « vérités qui s'enchaînent », plus proches de l'« ordre rationnel »[1] :

> Ce n'est donc pas sur la répétition des mêmes jugements, ni sur l'assentiment unanime ou presque unanime qu'est fondée uniquement notre croyance à certaines vérités : elle repose principalement sur la perception d'un ordre rationnel suivant lequel ces vérités s'enchaînent, et sur la persuasion que les causes d'erreur sont des causes anormales, irrégulières, subjectives, qui ne pourraient donner naissance à une telle coordination régulière et objective. (Cournot, *Exposition...,* 1843, p. 421.)

On le voit, la pensée de Cournot combine, d'une part, une forme de doute méthodologique justifiant son attention aux subjectivités individuelles, et d'autre part, la conviction qu'existe un ordre rationnel transcendant celles-ci. Cette ambivalence rejoint, d'une certaine façon, les controverses soulevées par la sociologie des sciences récente, tendue entre diverses formes de « réalisme » et de « constructivisme » (Hacking, 1999). Partant des interrogations suggérées par Cournot, on se demandera ici dans quel sens on peut dire que la quantification crée de l'objectivité. Tout à la fois, celle-ci semble restreindre, réduire et délimiter l'espace des interprétations possibles du monde, mais en même temps elle *crée un autre monde*, de nouvelles possibilités d'interpréter et d'agir. La quantification reconfigure le monde, en créant de nouveaux objets qui peuvent circuler entre les hommes.

---

1. Ceci évoque les références à un ordre divin chez Quetelet, ou, plus récemment, chez le statisticien Jean-Paul Benzécri, promoteur de l'analyse des correspondances.

Quantifier = convenir + mesurer

Une grille de lecture des procédures de quantification, puis de leurs effets cognitifs et sociaux, est proposée ici, à titre d'expérience. Elle s'écarte quelque peu de l'épistémologie réaliste, issue des sciences de la nature, qui prévaut souvent dans les sciences sociales. Elle sera testée ensuite à propos d'exemples de problèmes présents dans les débats actuels : la maîtrise des risques, l'analyse macroéconomique, et les indicateurs du management public. Pour ce faire, il est indispensable de distinguer deux idées, trop souvent confondues, celle de *quantification* et celle de *mesure.* Le verbe *quantifier* est employé ici dans un sens large : *exprimer et faire exister sous une forme numérique ce qui, auparavant, était exprimé par des mots et non par des nombres*. En revanche, l'idée de *mesure*, inspirée des sciences de la nature, implique que quelque chose existe déjà sous une forme mesurable selon une métrologie réaliste, comme la hauteur du mont Blanc ou de la tour Eiffel. Dans le cas des sciences sociales ou de l'évaluation des actions publiques, l'emploi immodéré du mot *mesurer* induit en erreur, en laissant dans l'ombre les *conventions de la quantification*. Le verbe *quantifier*, dans sa forme active (*faire* du nombre), suppose que soit élaborée et explicitée une série de conventions d'équivalences préalables, impliquant des comparaisons, des négociations, des compromis, des traductions, des inscriptions, des codages, des procédures codifiées et réplicables, et des calculs conduisant à la mise en nombre. La mesure proprement dite vient ensuite, comme mise en œuvre réglée de ces conventions. De ce point de vue, la quantification se décompose en deux moments : *convenir* et *mesurer.*

L'usage du verbe *quantifier* attire l'attention sur la dimension, socialement et cognitivement créatrice, de cette activité. Celle-ci ne fournit pas seulement un *reflet* du monde (point de vue usuel), mais elle le transforme, en le reconfigurant autrement. Cette distinction entre *quantifier* et *mesurer* n'est pas « relativiste » au sens péjoratif parfois attribué à ce mot par certains. Elle vise à séparer analytiquement deux moments historiquement et socialement distincts, comme on le voit avec des exemples comme « l'intelligence », quand fut imaginé le « quotient intellectuel », « l'opinion » quand apparurent les enquêtes par sondage de type « Gallup » (importées en France par Jean Stoetzel), ou les débats plus récents sur la quantification des effets de l'action publique. L'invention, au XVIIe siècle, de la notion de *probabilité,* pour *quantifier l'incertain* au moyen d'un nombre compris entre 0 et 1, en a été un illustre précédent. La « réalité » et le statut ontologique de ce concept ont été longtemps discutés, notamment par Cournot, dont la distinction entre probabilité objective et subjective a été une façon habile de répondre à ce défi épistémologique.

Le soupçon de relativisme peut émerger de ce que l'existence réelle de l'objet, antérieurement à sa mesure, est mise en doute par certains, pour qui ce serait la mesure elle-même qui créerait l'objet. L'intelligence serait « ce qui est mesuré par les tests du QI ». L'opinion serait « ce qui est mesuré par les sondages d'opinion ». L'hypothèse retenue ici est que la quantification, entendue comme l'ensemble formé des conventions socialement admises et des opérations de mesure, crée une nouvelle façon de penser, de représenter, d'exprimer le monde et d'agir sur lui. La question de savoir si une statistique « reflète plus ou moins bien la réalité », souvent posée dans ces termes, est un raccourci trompeur, contaminé par le réalisme métrologique des sciences de la nature. La statistique et, plus généralement, toutes les formes de quantification (par exemple probabiliste, ou comptable) transforment le monde, par leur existence même, par leur diffusion et leurs usages argumentatifs, qu'ils soient scientifiques, politiques ou journalistiques.

Il est vrai que, une fois que les procédures de quantification ont été codifiées et routinisées, leurs produits tendent irrésistiblement à devenir « la réalité », par une sorte d'effet de cliquet irréversible. Dans ce cas, les conventions initiales sont oubliées, l'objet quantifié est comme « naturalisé », et l'emploi du verbe « mesurer » vient machinalement à l'esprit et sous la plume. Ceci reste vrai jusqu'à ce que, pour des raisons à analyser historiquement au cas par cas, de telles « boîtes noires » soient rouvertes, à l'occasion de controverses. On en analysera un exemple, avec la remise en cause récente du « partage volume-prix » des taux de croissance de l'économie.

La question de l'objectivité et de l'univocité des énoncés formulés de façon quantitative a été soulevée en introduction, en partant des remarques de Cournot sur la variabilité des façons dont les esprits humains circulent dans la zone de contact entre, d'une part, un monde non formalisé, et d'autre part, celui des formalismes, à travers ce que l'on désigne désormais sous le nom de « modèle ». La définition du verbe *quantifier* proposée ici, distinguée de celle du verbe *mesurer,* permet de la poser autrement. La quantification offre un langage spécifique, doté de propriétés remarquables de transférabilité, de possibilités de manipulations standardisées par le calcul, et de systèmes d'interprétations routinisées. Ainsi, elle met à la disposition des acteurs sociaux ou des chercheurs « des objets qui tiennent », au triple sens de leur robustesse propre (résistance à la critique), de leur capacité à se combiner entre eux, et enfin de ce qu'ils « tiennent les hommes entre eux » en les incitant (ou parfois en les contraignant) à user de ce langage à visée universaliste, plutôt que d'un autre. Cette façon de voir, en partie différente de celle qui est revendiquée d'habitude par les sciences sociales quantitatives et, plus généralement, par les usages des outils statistiques et comptables, est proposée ici comme une hypothèse, que l'on cherchera à mettre en œuvre à propos de trois questions qui font largement appel à l'argument quantitatif : la maîtrise des risques, le pilotage macroéconomique, l'évaluation de la gestion publique. À cette occasion, seront déployés trois types d'espaces d'équivalence : celui des probabilités, étudié par le Cournot de 1843, celui de la valeur et de la richesse du Cournot de 1838, et enfin celui des fins et des moyens de l'action publique, peu envisagé par le théoricien Cournot.

Quand des hommes conviennent de mettre en place des espaces d'équivalence

Les trois exemples proposés sont intentionnellement disparates. Ils ont été retenus parce que, dans les trois cas, quelque chose qui, a priori, était exprimé par des mots, a fini par l'être par des nombres, alors que cela n'allait pas de soi pour beaucoup, et que cette traduction a été (et est encore souvent) débattue de diverses façons. Quel prix a-t-il fallu payer pour cela ? Les moments historiques où ces « mises en nombre » (comme on dit « mise en scène ») ont eu lieu, sont très différents : le risque a été « probabilisé » dès le XVIIIe siècle, les agrégats de la comptabilité nationale ont été quantifiés depuis le milieu du XXe siècle, l'évaluation quantifiée des performances et de la qualité de l'action publique (dite aussi *benchmarking*[1]) a commencé à être discutée dans les années 1980. D'autres exemples ont déjà été mentionnés, ceux de l'intelligence avec le QI (très contesté), et de l'opinion publique avec les sondages Gallup. L'étape décisive est celle de la négociation des conventions rendant des choses *commensurables,* c'est-à-dire comparables selon une échelle numérique, alors que, a priori, beaucoup jugeaient cela « impossible » : « Vous comparez des choses qui ne sont pas comparables, *on ne peut pas* quantifier cela. » On entend souvent ces critiques, de la part de ceux qui refusent cette commensurabilité. Ces objections traversent les siècles, elles apparaissent toujours, à un moment ou un autre, à propos des cas mentionnés ci-dessus.

L'ambivalence de ces objections est, au moins en français, contenue dans le verbe *pouvoir* (on ne *peut pas* quantifier cela). Ce verbe a deux sens : soit « avoir la possibilité physique de ... », soit « être autorisé à... ». La langue anglaise dispose pour cela des deux verbes distincts : *can* (*to be able to*) et *may* (*to be allowed to*). La première impossibilité a quelque chose de physique, elle semble inscrite dans la nature des choses. En revanche, la seconde est liée à l'ordre politique et social, ou à la morale. Comparer (c'est-à-dire *voir ensemble*) est un acte politique : dans certaines sociétés, on ne pouvait (au sens de « il était inconcevable de... ») comparer les esclaves et les hommes libres, les femmes et les hommes, les roturiers et les

1. La Commission de terminologie recommande d'utiliser le mot *parangonnage* pour remplacer cet anglicisme. Voir *infra*, note 1, p. 193.

nobles, les Noirs et les Blancs. Les « inégalités sociales », au sens où nous les entendons aujourd'hui, en termes de référence à un espace d'équivalence commun, n'ont été pensées de cette façon qu'à la fin du XIXe siècle pour les inégalités de revenus, et (sauf rares exceptions) au milieu du XXe siècle pour d'autres types d'inégalités, de consommation, d'accès à l'école ou de mobilité sociale. Postuler et construire un espace d'équivalence permettant la quantification, et donc la mesure, est un acte tout à la fois politique et technique. Il est politique en ce qu'il *change le monde* : comparer les roturiers et les nobles appelle la nuit du 4 août, comparer les Noirs et les Blancs appelle l'abolition de l'esclavage, comparer les femmes et les hommes appelle le suffrage vraiment universel incluant les femmes, inconcevable au XIXe siècle[1].

Des sociologues nord-américains ont mis en avant l'idée voisine de *commensuration.* Sous un titre dont l'idée est proche de celle proposée ici (*Commensuration as a Social Process*), Wendy Espeland et Mitchell Stevens (1998) analysent les processus sociaux qui tendent à *monétiser* de plus en plus d'actes humains, sous l'effet de l'extension des mécanismes marchands. Dans ce cas, l'espace d'équivalence est celui de la monnaie, dont l'ancienneté et la généralité ne peuvent être ignorées. Dans une perspective proche, Viviana Zelizer (2001) décrit comment, dans les procès de divorce aux États-Unis, des relations d'amour antérieures, qu'il aurait été inconcevable de valoriser, font subitement l'objet d'âpres négociations visant à les quantifier en dollars, afin de fixer des prestations compensatoires, en général pour des femmes lésées par la séparation. Dans ces divers cas, les auteurs étudient aussi les *résistances* de toutes sortes que ces commensurations affrontent et ont à surmonter. Ces études de cas sont intéressantes pour le propos retenu ici, mais elles ont néanmoins l'inconvénient de restreindre la commensuration à la *monétisation* (dans une perspective

1. Tocqueville, dans *De la démocratie en Amérique*, indique que les esclaves et les domestiques ne votent pas, mais il ne songe même pas à mentionner les femmes parmi les exclus du vote.

sans doute peu surprenante dans le contexte nord-américain)[1]. Notre idée est ici que le passage en équivalent-monnaie est un cas (certes historiquement important) parmi d'autres constructions d'espaces d'équivalence qui ont marqué l'histoire de l'humanité. Parmi les trois cas présentés ci-dessous, le second (l'évaluation des agrégats macroéconomiques) relève bien sûr de la question de la monétisation, mais ce n'est pas nécessairement le cas pour les deux autres : la maîtrise des risques, et l'évaluation des performances de services publics, dans une logique de *benchmarking*, pour lesquels les quantifications retenues peuvent être ou non monétaires.

La probabilité au XVIIIe siècle : une audacieuse construction intellectuelle

Beaucoup des problèmes soulevés par le franchissement de la zone de contact évoquée ci-dessus ont été posés, dès le XVIIIe siècle, par l'usage du calcul des probabilités. À ce moment, la probabilité apparaît comme une étonnante construction, unifiant en un même espace cognitif, quantifié par un nombre compris entre 0 et 1, trois formes de « degrés de croyance » a priori très différents (Daston, 1989) : 1) celles issues de constructions géométriques comme le jeu de pile ou face et les jeux de dés ; 2) celles déduites de régularités observées sur des grands nombres d'événements comme le *sex-ratio* ou la mortalité ; et enfin 3) celles résultant d'un faisceau d'indices et de conjectures à propos d'un événement unique non comparable à un autre, comme la culpabilité d'une personne soupçonnée d'un crime. Le fait de rassembler et d'indexer ainsi, en un même espace d'équivalence, trois manières de savoir ou de croire aussi hétérogènes, pouvait apparaître comme un audacieux coup de force intellectuel. Il est vrai que, dès 1713, Jacques Bernoulli

1. Cette approche est aussi en rapport avec le souci de certains sociologues de se situer par rapport aux économistes, pour qui la monnaie est *la* variable de référence.

avait proposé, dans son *Ars Conjectandi,* avec son modèle des tirages successifs de boules noires et blanches dans une urne, une façon habile de faire le lien entre la première et la deuxième des trois formes de degrés de croyance. Sa « loi des grands nombres » suggère une « convergence » des fréquences observées de tirages de boules noires et blanches, dès lors que croît le nombre de ces tirages. Elle offre ainsi la possibilité d'assimiler le *sex-ratio* ou le taux de suicide à un tirage dans une urne de Bernoulli. Il n'en va pourtant pas de même avec la probabilité subjective d'un événement unique, dont Cournot pourra dire qu'elle est « variable d'une intelligence à une autre ». Il en résultera le discrédit relatif que ce type de probabilité et le raisonnement bayésien subiront, pendant un siècle environ, des années 1830 à 1930, au profit de l'interprétation fréquentiste du calcul des probabilités.

Ce raisonnement fréquentiste, issu du modèle de l'urne de Bernoulli, connaît en effet un grand succès au XIXe siècle, avec le rassemblement et la diffusion des statistiques dites morales, collectées notamment par les nouveaux bureaux de statistique, sous l'impulsion de Quetelet. Les régularités observées induisent une forme de déterminisme (sinon de fatalisme) statistique, et par là l'idée qu'il est possible de *prévoir*, au niveau collectif, macrosocial, des phénomènes imprévisibles au niveau individuel, comme le crime ou le suicide. Cette façon de raisonner, qualifiée de « domestication du hasard » (*taming the chance*) par Ian Hacking (1990), est à l'origine de plusieurs types d'activités. D'une part, des *sciences sociales quantitatives* (la sociologie depuis Durkheim, l'économétrie depuis Frisch et Tinbergen) ont l'ambition de pouvoir, comme leurs grandes sœurs l'astronomie et la physique, prévoir le cours futur du monde. D'autre part, l'activité marchande de l'*assurance* peut désormais asseoir ses tarifs (les primes) et ses remboursements à venir sur la base de la fréquence des sinistres observés dans le passé. Pour ce faire, il est nécessaire de *convenir* de la définition et du périmètre de l'urne de Bernoulli (les risques à couvrir), de l'identité des boules (les événements élémentaires), de la nomenclature des couleurs de celles-ci (les catégories de sinistres) et des procédures de codage (une fois un sinistre signalé et un remboursement réclamé). Ainsi, la quantification des risques implique, avant leur mesure, un jeu complexe de conventions, négociées dans la zone de contact. Ces controverses renouvelées sont normales, puisque les choix énumérés ci-dessus relèvent de *jugements*, variables non seulement « selon les intelligences » comme le pensait Cournot, mais aussi selon les intérêts des acteurs. Ainsi la quantification n'est pas suffisante pour unifier les diagnostics autour d'une objectivité univoque, bien que ceci soit, souvent en toute bonne foi, la visée de maints acteurs (mais non de tous) de ce théâtre.

La notion de risque, associée au raisonnement fréquentiste, est devenue essentielle en matière médicale, d'une part en épidémiologie (action préventive), et d'autre part en médecine clinique (étude de l'efficacité des thérapeutiques). Certains travaux à ce sujet sont contemporains de Cournot, au XIXe siècle, ceux du docteur Louis en France sur la « méthode numérique » visant à comparer les effets de divers traitements de la typhoïde, et ceux de l'Anglais William Farr sur la prévention des épidémies de choléra (Desrosières, 2000). Les diverses sortes de critiques auxquelles se heurtent ces méthodes quantitatives appliquées à la médecine sont significatives de ce qui se joue dans la zone de contact. En effet, les résistances sont de deux types. L'une, « traditionaliste », revendique la singularité du dialogue entre le médecin et son malade, et l'impossibilité de réduire à des « classes d'équivalence » la complexité de la personne, « en découpant celle-ci en tranches »[1]. L'autre, « moderniste », s'intéresse à « la » cause précise et directe d'un symptôme ou de l'effet d'un traitement, et non à une régularité statistique et à une cause « en moyenne ». C'est la position de Claude Bernard, puis des microbiologistes pasteuriens. Ceux-ci recherchent « le » vibrion du choléra, ou « le » virus du sida. Cette opposition a été jouée à nouveau (mais rapidement réso-

1. Cette façon de voir reste très vivante, notamment avec l'idée de *colloque singulier*, en médecine générale, et aussi dans les cas de la psychanalyse ou de la médecine homéopathique.

lue) au tout début de l'épidémie du sida, dans les années 1980, quand, dans une perspective d'épidémiologie « à l'aveugle », on parlait d'un mal qui frappait, statistiquement, « les 4 H » (les Haïtiens, les hémophiles, les héroïnomanes, les homosexuels), avant que le virus HIV ne soit identifié. Si, de nos jours, ces deux perspectives, l'une, « macro » et statistique, et l'autre, « micro » (au sens du cas individuel, mais aussi du microscope), sont perçues comme plus complémentaires qu'antagonistes, cette opposition historique, bien reflétée par l'histoire de la médecine, renvoie à une question plus générale, centrale pour analyser ce qui se joue dans la zone de contact, sur le type de « causalité » que suggèrent les méthodes quantitatives.

Régularités statistiques et causalité

Karl Pearson (1857-1936), l'un des fondateurs de la statistique mathématique, a, le premier, formulé les idées de corrélation, de régression, de test du chi-deux. Inspiré par les théories du physicien et philosophe des sciences antiréaliste allemand Ernst Mach (1838-1916), il insistait sur le fait que les statistiques ne montraient que des distributions, des co-occurrences, des régularités et des « tableaux de contingence » (c'est-à-dire des distributions croisées), mais *en aucun cas des causes* (Pearson, 1912). La causalité était pour lui une « notion métaphysique ». Si, sur un plan philosophique, cette position est concevable, elle ne l'est pas pour l'homme d'action. Chassée par la porte, la causalité revient par la fenêtre, sous ce nom ou sous un autre. Les usages modernes des notions de « risque », de « facteur de risque » et de « catégorie à risque », à propos d'épidémiologie, ou de traitement des questions de délinquance ou de toxicomanie, offrent des exemples de ces métamorphoses de la causalité, tendue entre une épistémologie aseptisée et une pratique qui, dans ces domaines, fait flèche de tout bois pour faire tenir ensemble tant bien que mal des observations et des objectifs économiques, sociaux ou politiques de toutes sortes. Par une ironie de l'histoire, Karl Pearson a fourni lui-même, malgré son credo anticausaliste, un formalisme qui induit, par son écriture même, une interprétation en apparence causaliste. Le modèle linéaire de l'équation de régression, qui distingue, à gauche du signe =, la « variable à expliquer », et à droite les « variables explicatives », se prête à une telle lecture, quelles que soient les précautions oratoires éventuelles du statisticien[1]. Le verbe *expliquer* est suffisamment ambigu pour suggérer une causalité sans l'affirmer explicitement : on est là au cœur des questions du passage par la zone de contact, qui est une zone de *traduction*, comme un sas entre deux univers cognitifs.

Dans le modèle linéaire de la régression, la notion même de *variable* est, comme « La lettre volée » d'Edgar Poe, que personne ne voit alors qu'elle est bien visible sur la cheminée, le cœur de la transformation qui se joue dans ce passage d'un monde à un autre. Les sujets des verbes, et donc des actions, ne sont plus des personnes ou des groupes sociaux, mais des variables, entités nouvelles, issues d'une série de conventions d'équivalence, de taxinomies, de codages, d'évaluations selon des grilles diverses. Les personnes sont décomposées en *items*, qui sont eux-mêmes recomposés en *variables*. L'opérateur de cette transformation est le *tableau* croisant, en *lignes*, des personnes (ou toutes sortes d'autres êtres, individus ou groupes), et en *colonnes*, des items codés de façon standardisée sur chacun de ces êtres. Dans le premier monde, ce tableau est lu en ligne, les individus ou les groupes sont les sujets des verbes. On y raconte des histoires. Dans le second monde, celui de la statistique, le regard a tourné de 90° ; le tableau est lu en colonne, les variables sont devenues les acteurs du théâtre. Elles sont désormais les sujets des verbes. Elles entrent en relation les unes avec les autres, s'expliquent, sont corrélées positivement ou négativement. Chacune agit de façon uniforme,

1. C'est souvent à propos de la *corrélation* que cette question de l'absence de lien automatique avec une causalité est soulevée, alors que la formule du coefficient de corrélation est symétrique. En revanche, par sa forme dissymétrique même, et donc orientée, *l'équation de régression* attire encore plus une lecture causaliste.

pour autant toutefois qu'on maintienne immobiles toutes les autres. On cherche ainsi à séparer et isoler leurs *effets purs* (ou « toutes choses égales par ailleurs ») par des méthodes économétriques, dites de régression logistique, généralisant la logique du modèle linéaire. Les coefficients de ces régressions sont supposés fournir à l'homme d'action des moyens de quantifier les effets marginaux des différentes manettes dont il dispose.

Ce langage nouveau a deux propriétés, liées entre elles. D'une part, il est inspiré des sciences de la nature, anhistoriques, où des substances ou des concepts virtuellement universels interagissent selon des mécanismes eux aussi universels. D'autre part, il se prête bien à la rationalisation et à l'optimisation de l'action que recherche le responsable économique, politique ou administratif. Pour ce dernier, la *variable* est ce dont est chargé un bureau de ministère, un but à atteindre, un indicateur, un clignotant sur un tableau de bord. Le modèle économétrique linéaire relie, d'un côté, des variables, souvent exprimées en termes de *risques,* sur lesquelles le responsable *veut agir* (le taux de chômage, la délinquance, la mortalité sur la route, la toxicomanie), et, de l'autre côté, celles, exprimées comme *facteurs de risques* (un taux d'alcoolémie, une vitesse autorisée), sur lesquelles il *peut agir,* par une réglementation, une taxe, ou (solution plus moderne) un mécanisme incitatif judicieux. Les deux propriétés sont liées, en ce qu'elles sont adaptées au modèle d'action de l'ingénieur, qui cherche expérimentalement des régularités de portée générale permettant d'orienter, d'optimiser et d'évaluer son action.

Cette séparation entre *risque* et *facteur de risque*, caractéristique du modèle linéaire causaliste, résulte elle-même de conventions discutées. Patrick Peretti-Watel (2004), spécialiste de la toxicomanie, parle de la « porosité » des équations de ces modèles, en ce sens que l'on peut hésiter sur le statut de certaines variables. Dans les enquêtes sur la consommation de drogues dures ou sur le suicide des adolescents, les consommations d'alcool, de tabac ou de haschich sont-elles des « facteurs de risque », ou bel et bien des « risques » ? Le problème se complique quand, dans de tels modèles dits « multifactoriels », on cherche à isoler l'« effet pur, *ceteris paribus* » de tel ou tel facteur, par des méthodes économétriques dont les résultats dépendent justement de la palette des variables explicatives et expliquées prises en compte. L'idée de séparer nettement ces deux catégories de variables est moins évidente dans le premier monde que dans le deuxième, celui de l'action efficace et évaluable, pensée selon le modèle mécaniste des causes et des effets. Nombre de controverses sur l'usage des méthodes quantitatives relèvent de cette tension. Le point de départ en est le système de concepts et de conventions selon lesquels le problème est défini, et à partir desquels des probabilités peuvent éventuellement être évaluées ou calculées. Le plus souvent, il n'y a pas de consensus à ce sujet entre les protagonistes. Il en résulte d'insolubles dialogues de sourds, dont trois exemples récents, parmi beaucoup d'autres, ont porté sur la notion de « principe de précaution », sur la dangerosité éventuelle des OGM, et sur la possibilité d'évaluer diverses sortes de thérapies psychiques. Les notions mêmes de risque et d'incertitude sont comprises et interprétées de façons très différentes selon les positions des protagonistes de ces controverses.

Risque, incertitude et principe de précaution

Le fait que, malgré les souhaits des philosophes du XVIIIe siècle, toutes les situations d'incertitude ne peuvent pas être probabilisées, a été souligné par Knight (1921), qui a introduit la distinction, souvent reprise (notamment par Keynes), entre *le risque*, qui serait probabilisable, et *l'incertitude*, qui ne le serait pas. On a déjà signalé l'ambiguïté du verbe français *pouvoir*, là où l'anglais distingue *can* et *may* : la « possibilité » est-elle vue comme technique ou comme sociale ? Certains assureurs se font fort de garantir les événements les plus exceptionnels. L'activité des réassureurs est même de couvrir de tels risques[1].

1. Il faudrait, en théorie, distinguer les événements *non probabilisables* et les événements de *probabilité très faible*. Cournot s'est particulièrement intéressé à ces derniers, d'un point de vue philosophique, et un supposé « principe de Cournot » à leur sujet a fait l'objet de maints débats ultérieurs (Martin, 1994).

La distinction de Knight a été fort utile dans la réflexion économique ultérieure, mais, mise en pratique, elle présente un aspect conventionnel[1]. Dans la période récente, marquée par des catastrophes dites exceptionnelles (le 11 septembre 2001, la canicule de 2003, le tsunami asiatique de 2004, le cyclone Katrina de 2005), la question de la délimitation entre risque et incertitude au sens de Knight est reposée. Certains, de Ulrich Beck à Jean-Pierre Dupuy, font du risque, entendu au double sens, une caractéristique essentielle de la période actuelle[2]. Dans ce contexte, la publication en 2005, sous la direction de Claude Henry, d'un rapport pour le Commissariat général du Plan sur la question des relations entre « Incertitude, précaution et assurabilité », montre que la distinction entre risque et incertitude résulte, sinon d'appréciations « variables d'une intelligence à une autre », du moins de conventions liées aux usages argumentatifs et politiques qui en sont faits. Ainsi, ce rapport analyse ce que pourrait être une « théorie économique de l'assurabilité en incertitude » (Chemarin, 2005).

Les trois débats mentionnés ci-dessus (principe de précaution, OGM, psychothérapies) ont, chacun, fait l'objet d'abondantes littératures. Dans la perspective développée ici, ces textes pourraient être relus en examinant et en comparant la place et le rôle de l'argument probabiliste et statistique, dans chacun des cas, en ayant en tête la notion de « style de raisonnement » développée par Alistair Crombie (1994) et Ian Hacking (1992).

---

1. Elle est surtout utilisée par les économistes, mais peu reprise par exemple par les statisticiens. Ainsi, le livre de référence de Stephen Stigler (1986) sur l'histoire de la statistique est intitulé : *The History of Statistics. The Measurement of Uncertainty Before 1900.* Dans ce cas, l'incertitude est bien sûr « probabilisée ».

2. Ce jugement peut être nuancé par le fait que des alarmes catastrophistes ont déjà été exprimées en termes comparables, en d'autres temps, par exemple dans les années 1820 à 1850, à propos d'accidents, alors très nouveaux et impressionnants, dus aux machines à vapeur, aux gazomètres et aux chemins de fer (Jean-Baptiste Fressoz, thèse en cours au Centre Alexandre Koyré sous la direction de Dominique Pestre).

Bien sûr, ces trois controverses portent sur des questions très différentes. Cependant, des homologies de positions sont perceptibles. Dans chacun des cas, les styles de raisonnement des deux camps opposés sont quasi incommensurables, alors que des analogies peuvent être notées, transversalement, entre les manières respectives d'argumenter des pôles « homologues » ainsi postulés. D'un côté, celui des adversaires du « principe de précaution », des partisans des OGM, et des partisans des thérapies cognitivo-comportementales (TCC), l'argument probabiliste est vu comme décisif, et vise à clore le débat. Le problème est supposé suffisamment bien défini pour que des hypothèses de probabilités de risques, ou de « réussites » d'une thérapie, puissent être avancées et faire preuve. Au mieux, les manières de quantifier et leurs résultats peuvent être débattus, mais non l'idée que cette quantification apporte une réponse au problème. Dans les trois cas, cette façon de voir reçoit le soutien d'institutions scientifiques importantes, avec des arguments convaincants à l'intérieur du style de raisonnement statistique. L'Académie des sciences critique l'adoption du principe de précaution qui, selon elle, interdit toute prise de risque, puisqu'elle assimile ce principe à l'interdiction d'entreprendre quoi que ce soit qui présente un danger éventuel. Elle intervient ainsi au nom de ce qui lui semble la liberté de la recherche[1]. L'INRA approuve les cultures expérimentales d'OGM, en arguant du besoin de recherches visant précisément à évaluer et quantifier les risques éventuels de ces cultures[2]. L'INSERM compare les TCC à la psychanalyse au moyen de « méta-analyses » statistiques d'évaluations antérieures de ces thérapies. Dans les trois cas, la quantification et l'expression du risque en termes de probabilités ont l'ambition d'unifier, d'agréger en un

1. Les oppositions sur ce sujet sont transversales au clivage politique « droite-gauche », puisque l'on compte des supporters éminents des deux thèses dans chacun des deux camps politiques.

2. Une bonne source de cette controverse est fournie par les débats publics menés en 2005 par la commission parlementaire sur les OGM, présidée par Jean-Yves Le Déaut (PS), et rapportée par Christian Ménard (UMP).

espace commensurable, des points de vue radicalement distincts sinon antagonistes. Elles visent ainsi le statut de *langage commun*.

Dans les trois cas, les adversaires des précédents remettent en cause, d'une manière ou d'une autre, les mises en équivalence dont résultent les arguments du premier camp. Ils reviennent débattre dans la zone de contact intermédiaire entre le monde complexe des mots et le monde modélisé avec des nombres et des probabilités. Les promoteurs du principe de précaution, qui ont obtenu son inscription dans la Charte de l'environnement rattachée à la Constitution, ont pris au sérieux et tiré les conséquences de la notion d'*incertitude non probabilisable*, au sens de Knight. Loin d'interdire toute recherche impliquant une prise de risque, ils demandent au contraire que des recherches et des consultations aient lieu *le plus en amont possible* quand des techniques ou des industries radicalement nouvelles apparaissent (Godard, 1997). Bien sûr, ils ne s'interdisent pas de quantifier ou d'évaluer des probabilités, mais ils souhaitent que cela soit fait de façon pluraliste, dans le cadre d'un univers élargi de possibles, résultant de la confrontation de points de vue et d'intérêts les plus variés. Ils proposent de transformer profondément les modalités des relations entre sciences, expertise et décision politique telles qu'elles ont longtemps existé, en intégrant les doutes et les incertitudes au sein même du débat démocratique, au lieu de les confiner dans le travail des experts, à qui il était demandé de livrer des certitudes clé en main à des décideurs ainsi rassurés. Des procédures, telles que les « conférences de consensus », rassemblant diverses catégories d'experts et de personnes concernées, et leur permettant de s'exprimer, ont été expérimentées, notamment au Danemark. Certains ont tenté de théoriser (parfois de façon idyllique sinon utopiste) ces nouvelles pratiques, sous le nom de « forum hybride », en attirant ainsi l'attention sur la diversité des acteurs impliqués dans ces nouvelles façons d'articuler expertise et société (Callon, Lascoumes, Barthe, 2001). Cependant, jusqu'à maintenant, les outils statistiques et probabilistes ont rarement été dépliés et discutés dans de tels forums, sinon dans un cadre associatif[1].

Une des difficultés de la quantification des problèmes soulevés à propos du principe de précaution est que, souvent, sont confrontés *deux* espaces d'équivalence, qui, pour des raisons morales, sont jugés incommensurables. L'un est celui des risques de santé publique, probabilisés ou non, qui se rapportent à la vie et à la mort. L'autre est celui de l'économie, pour lequel, comme l'analysent Espeland et Stevens, la « commensuration » est assurée par l'évaluation monétaire. Bien que les économistes aient, de longue date, intégré le « prix de la vie » dans leurs calculs, par exemple pour effectuer des choix d'aménagements routiers, la mise en relation de ces deux espaces de quantification reste problématique. Les inventeurs du calcul des probabilités avaient, en théorie, formalisé un espace commun et un critère de décision combinant l'argent et l'incertitude (en dehors même des questions de vie ou de mort) : l'espérance mathématique, comme produit d'un gain ou d'une perte éventuels, et d'une probabilité. Malgré trois siècles de débats et de réflexions sur ce critère de l'espérance mathématique, de fortes raisons subsistent pour que celui-ci soit contesté, rejeté ou ignoré, précisément parce qu'il met en équivalence des êtres que, à tort ou à raison, certains refusent de « commensurer »[2]. Nous sommes là au cœur de la zone de contact évoquée ci-dessus. Sans entrer dans les détails de questions

---

1. Certaines associations se donnent précisément ce but. En France, Pénombre, créée en 1993, « propose un espace public de réflexion et d'échange sur l'usage du nombre dans les débats de société : justice, sociologie, médias, statistiques » (Site : http://www.penombre.org). En Grande-Bretagne, la statistique officielle est vivement discutée par l'association RadStats, qui existe depuis les années 1970 (Site : http://www.radstats.org.uk/) : *« We believe that statistics can be used to support radical campaigns for progressive social change. Statistics should inform, not drive policies. Social problems should not be disguised by technical language. »*

2. Un exemple éclairant des questions soulevées par le critère de l'espérance mathématique est fourni par le « paradoxe de Saint-Pétersbourg » qui, du XVIIIe siècle à nos jours, a suscité la réflexion des savants, et a permis d'en préciser certaines conditions sociales d'acceptabilité (Jorland, 1987).

complexes, on sent bien que les âpres débats à propos des OGM ont à voir avec ces difficultés de s'accorder sur un espace d'équivalence commun, dans la mesure où les intérêts et les enjeux, supposés ou réels, des agriculteurs, des semenciers et des consommateurs, sont *à la fois* incertains et contradictoires.

Les réticences des psychanalystes à l'égard des évaluations des « efficacités » comparées des méthodes de psychothérapie peuvent, elles aussi, être lues en termes de refus de la définition de cette efficacité utilisée dans les méta-analyses effectuées à l'INSERM par les spécialistes des TCC, qui concluaient à une supériorité de celles-ci. Les psychanalystes, depuis Freud, revendiquent la singularité de la relation personnelle que constitue une analyse. Ils refusent d'inscrire cette interaction dans les catégories de disparition (selon eux souvent momentanée) de symptômes dûment codifiés en un système d'équivalences préétablies[1]. Leurs adversaires, de leur côté, déplorent « ce refus, si français, de la culture d'évaluation ». Par ailleurs, à ce débat sur la définition et la finalité profonde des diverses méthodes, il est vrai que viennent aussi se mêler, explicitement ou non, des arguments économiques divers, en termes de concurrence ou d'économie de la santé publique[2].

Le projet d'explorer la zone de contact entre le monde des mots et celui des nombres rencontre sur son chemin diverses controverses sur les conventions d'équivalence nécessaires à la

1. Les débats, déjà évoqués, autour de la « méthode numérique » proposée par le docteur Louis au XIXe siècle, opposaient des argumentaires voisins, sur le thème du colloque singulier entre le médecin et le malade, « qui doit être traité dans sa totalité unique ». La tension est la même entre d'une part, une revendication de singularité, et d'autre part, une mise en catégories nosographiques. Elle est au cœur de l'histoire mouvementée des relations entre médecine et statistique : il s'agit toujours de « comparer l'incomparable ».

2. La tension entre une approche centrée sur la personne singulière et une autre qui, dans une perspective de bien collectif, *compare et agrège*, est finement analysée, d'un point de vue éthique, par Anne Fagot-Largeault (1991). Dans cette étude sur « la notion de qualité de la vie », elle qualifie respectivement ces deux approches de « déontologique » et de « téléologique ».

quantification. Après avoir insisté, en mémoire de Cournot, sur celles qui portent sur les probabilités et l'espérance mathématique, nous évoquerons, plus brièvement, quelques débats récents portant, d'une part, sur l'évaluation et l'interprétation des agrégats macroéconomiques, et d'autre part, sur les indicateurs promus par les techniques dites de *benchmarking*.

Controverses sur le partage volume-prix du taux de croissance de l'économie

La piste suivie jusqu'ici est celle de la convention d'équivalence fournie par le calcul des probabilités, travaillé par le Cournot de 1843. Cette convention rassemble en un nombre compris entre 0 et 1 une multiplicité de conjectures diverses. Cournot est cependant connu et cité surtout pour son œuvre d'économiste. Son premier livre, *Recherches sur les principes mathématiques de la théorie des richesses,* date de 1838 et porte sur une autre convention d'équivalence, celle qui fonde l'économie, en travaillant les notions de valeur et de richesse, à travers l'équivalent général que fournit la monnaie (Aglietta et Orléan, 2002). L'existence de ces deux livres, écrits par le même auteur, fait apparaître un paradoxe intéressant. Alors que, de nos jours, l'idée de *mathématisation* de l'économie semble synonyme de *quantification,* la synthèse effective de ces deux façons de faire de l'économie, notamment sous la forme de l'économétrie, ne date que des années 1930. Les deux livres de 1838 et 1843 semblent indépendants l'un de l'autre, comme si le Cournot économiste et le Cournot probabiliste ne se connaissaient pas[1]. Il est vrai que les *Recherches* de 1838

1. Claude Ménard (1977) a étudié les causes de la « résistance de Say, Cournot et Walras vis-à-vis des statistiques ». Michel Armatte (1995) évoque aussi cette surprenante dualité dans l'œuvre de divers autres auteurs, notamment Edgeworth et Keynes. De nos jours encore, existe une économie purement mathématique (Debreu) qui ne recourt pas à des données empiriques.

sont surtout consacrées à l'analyse des équilibres partiels. Schumpeter (1983) explique la réticence de Cournot à des analyses plus globales par le fait que, selon lui, celles-ci dépasseraient les « méthodes pratiques de calcul », ce qui le conduit à envisager l'usage « d'un petit ensemble d'agrégats » et d'un « revenu social », ce qui fait penser à notre moderne comptabilité nationale :

> Cournot reconnut que « dans la solution complète et rigoureuse des problèmes relatifs à quelques parties du système économique, on ne puisse se dispenser du système tout entier » (*Recherches*..., pp.191-192). C'est précisément ce que devait faire Walras. Mais, exactement comme le groupe keynésien des post-marshalliens, Cournot croyait que « ceci surpasserait les forces de l'analyse mathématique et de nos méthodes pratiques de calcul » (*Recherches*..., p. 192). À la place, il envisageait donc la possibilité de traiter ces problèmes en termes d'un petit ensemble d'agrégats, où le revenu social et ses variations devaient tenir la place d'honneur (Schumpeter, 1983, vol. III, p. 281).

Dans ses analyses partielles, Cournot distingue soigneusement les richesses « réelles » et « nominales », et les variations de quantité et de prix. Or quand, un siècle plus tard, les premiers comptables nationaux *quantifieront* (au sens défini ci-dessus) les agrégats utilisés pour exprimer la croissance économique, ils se heurteront au problème du partage de cette croissance entre « volume » et « prix » (Vanoli, 2002). Les controverses à ce sujet fournissent un exemple de « l'effet de cliquet » irréversible que produit la quantification. Une fois celle-ci routinisée, les débats se déroulent en termes réalistes, les seuls plausibles dans la logique des usages pratiques et politiques des comptes nationaux. La question du partage volume-prix a des conséquences directes sur les débats actuels à propos de l'équilibre introuvable entre stabilité et croissance. Le taux de croissance *en volume* (en monnaie constante) d'une économie, d'une période à l'autre, est en effet calculé par déflation (division) d'une évolution *en valeur* (en monnaie courante), par un indice de prix, calculé par ailleurs. L'indice des prix joue ainsi un rôle clé dans le calcul du taux de croissance.

Le partage volume-prix a suscité de vifs débats dans les années 1990, en raison des difficultés à tenir compte d'un « effet qualité » dans la mesure de l'évolution des prix, notamment pour les ordinateurs (dont la puissance croît rapidement), ou pour certains services. Comment convenir de ce qu'est une *qualité constante* ? Ceci a été à l'origine de la polémique soulevée aux États-Unis par un rapport, commandé par le Sénat, de Michael Boskin (1996). Celui-ci soutenait que la hausse des prix est « surestimée » en raison de l'insuffisante prise en compte de cet effet qualité. En conséquence, la croissance en volume est « sous-estimée », ce qui a, selon ce rapport, des effets politiques et économiques majeurs. Dans ce débat, tous les intervenants, qui peuvent par ailleurs être en désaccord sur la méthode d'étude et sur ses conclusions, sont implicitement réalistes, puisque les notions mêmes de « surestimation » et de « sous-estimation », acceptées par tous, supposent qu'il existe un « biais », par rapport à une réalité antérieure à la mesure. Or ce langage n'est pas remis en cause. Le fait que la prise en compte de l'effet qualité implique un *jugement* et des *conventions* (précisément sur lesdites « qualités ») et ne relève pas d'une métrologie purement réaliste, est peu évoqué, même avec les méthodes mathématiques sophistiquées de type « prix hédoniques ».

Or les appréciations sur les conséquences des politiques de stabilité européennes sont fondées justement sur les mesures du taux d'inflation et du taux de croissance en volume. Il est souvent reproché à la BCE de ne s'occuper que du premier de ces taux, au détriment du second (Fitoussi, 2002). Dans ce contexte argumentatif, l'évocation des problèmes du partage volume-prix brouillerait un message par ailleurs politiquement important. Serait-il possible de réendogénéiser ces questions de conventions de mesure dans le débat scientifique et social ? Dans quel « forum hybride » (au sens de Callon, Lascoumes et Barthe, 2001) cela pourrait-il être fait ? Quoi que l'on pense d'un problème aussi épineux, on voit que la *division sociale du travail* entre statisticiens, comptables nationaux, économistes universitaires, gestionnaires de la BCE, responsables politiques, journalistes et citoyens, joue un rôle essentiel dans la répartition entre les rhétoriques réalistes et conventionnalistes. Ceci suggère un programme de recherches et de débats publics, plutôt que des réponses abstraites et normatives. Il ne s'agit pas ici de *relativiser* les travaux des comptables nationaux en en montrant le caractère conventionnel, et par là arbitraire, mais plutôt de suggérer leur analogie avec des règles de droit, décidées d'un *commun accord,* visant à créer un *langage commun* entre des acteurs distincts.

Depuis les années 1980, des évaluations de la comptabilité nationale sont prises en compte dans des procédures d'indexation, dans les règlements et traités européens : Maastricht, Amsterdam, Pacte de stabilité et de croissance, modalités de décision de la BCE. Le caractère *constituant* (sinon constitutionnel) de la comptabilité nationale est ainsi accentué[1]. Une autre façon de montrer l'extension progressive des horizons d'usage de celle-ci est d'évoquer les efforts de divers acteurs sociaux pour « inclure dans le PIB » des dimensions diverses des questions débattues à tel ou tel moment : travail domestique des femmes, externalités liées aux destructions de l'environnement naturel (Gadrey, Jany-Catrice, 2005). Dans ces deux cas, inscription de la quantification dans des règles de droit, ou quantification de questions afin de leur conférer une visibilité sociale et politique, on voit comment la quantification, notamment dans sa forme *comptabilité nationale*, façonne et reconfigure la société, et ne se contente pas de la mesurer ou de la refléter. Les comptes nationaux semblent ainsi écartelés entre des usages de plus en plus différents, depuis leur apparition, dans les années 1950, dans le contexte de leur utilisation initiale pour asseoir des politiques keynésiennes ou pour orienter la planification indicative. Ces

1. Le fait que le rapport Boskin ait été commandé et publié par le Sénat des États-Unis montre bien que les conventions de mesure des comptes nationaux contribuent à *instituer* la société, et non simplement à la *décrire.*

glissements d'usage incitent à porter à nouveau le regard sur une zone de contact très travaillée avant 1960 par des économistes comme Frisch ou Hicks, mais laissée depuis à de petites équipes d'experts internationaux très spécialisés, mais peu fréquentée par les économistes les plus renommés (Vanoli, 2002).

De telles tensions, résultant de la multiplicité des usages, sont aussi visibles dans le cas de la *comptabilité d'entreprise*, depuis l'origine de celle-ci. Ainsi, pour « valoriser » les actifs du bilan, trois conventions peuvent être employées, correspondant à trois logiques d'usages. Le *coût d'origine* (ou *valeur historique*) est utilisé par le *gestionnaire* qui cherche à répartir des annualités d'amortissement. La *valeur de revente* préoccupe le *créancier* de l'entreprise, qui se demande ce que vaut encore son actif. Enfin la *somme des revenus futurs actualisés* intéresse l'*investisseur*, qui répartit ses disponibilités financières. Une diversité comparable existe pour les différentes manières de calculer le profit de l'entreprise, selon les objectifs de ce calcul. La forme *active* du verbe « valoriser », souvent utilisée par les comptables, est significative d'une démarche implicitement plus constructiviste que réaliste. Là où l'économiste débat des « fondements de la valeur », le comptable, lui, « valorise », c'est-à-dire fabrique une valeur, selon des conventions. À l'intérieur même des règles et des conventions légales d'établissement des comptes, les entreprises disposent de degrés de liberté leur permettant de faire apparaître un bénéfice plus ou moins élevé, selon qu'elles sont soucieuses du message transmis à leurs actionnaires, à d'éventuels repreneurs, à l'État, ou à d'autres acteurs de l'économie. Les paramètres et les effets des techniques (parfois qualifiées de *window dressing*) selon lesquels les entreprises optimisent leurs décisions comptables, en tenant compte de ces diverses contraintes, font l'objet d'une branche élaborée et mathématisée de la recherche comptable, qui prend appui sur les hypothèses de la théorie microéconomique, la *Positive Accounting Theory* (Casta, 2000 ; Chiappello et Desrosières, 2003).

Qualifier, comparer, évaluer, parangonner[1] : *la politique des indicateurs statistiques*

À la différence des activités marchandes, les politiques publiques, qu'elles soient nationales, européennes ou locales, ne disposent pas de critères comptables tels que la « part de marché » ou la rentabilité, pour juger de leur capacité à satisfaire les besoins des usagers, ou simplement de leur efficacité. Les notions traditionnelles de service public et de rationalisation de l'administration supposaient un engagement fort de ses membres, contrôlé par des logiques de subordination hiérarchique, dont l'État français a longtemps constitué un exemple, de même que l'État allemand (quand toutefois, pour celui-ci, cette idée de l'État ne se transformait pas en abomination criminelle, c'est-à-dire au XIXe siècle et après 1945). Depuis les années 1980, ce sens civique du service public a toutefois été jugé par beaucoup insuffisant pour contrôler démocratiquement et efficacement ces activités financées par des ressources elles aussi publiques. Des indicateurs quantifiés ont été recherchés pour jouer un rôle plus ou moins comparable aux comptabilités analytiques, aux comptes d'exploitation et aux bilans des entreprises marchandes. La comptabilité nationale, déjà évoquée, ne jouait qu'en partie ce rôle, puisqu'elle se plaçait au niveau macroéconomique, dans une perspective de politique keynésienne ou de planification indicative, sans entrer dans le détail des diverses actions publiques. Dans cette nouvelle perspective, les indicateurs ne pouvaient pas être uniquement monétaires, puisque, le plus souvent, les effets de ces actions (l'école, la santé publique, la sécurité, la diplomatie, la défense...) ne sont pas exprimables dans cet espace d'équivalence familier qu'offre la monnaie. Dans la perspective adoptée dans cet essai, les efforts menés, tant par l'État français que par l'Union européenne, peuvent être vus comme de vastes et tâtonnantes

1. Le verbe *parangonner* est utilisé ici comme équivalent de « faire du *benchmarking* », ou : étalonner, classer selon des critères définis à l'avance, dans une logique de palmarès.

expériences pour construire et négocier de *nouveaux espaces d'équivalence*, en *convenant* des procédures de quantification des fins et des moyens de l'action, dans des unités diverses, dont la monnaie fait éventuellement partie mais n'est pas la seule. Deux exemples seront évoqués ici, celui de la *Loi organique relative aux lois de finances* (LOLF), votée en 2001 par le Parlement français, et celui de la *Méthode ouverte de coordination* (MOC) utilisée par l'Union européenne[1]. Si les contextes historiques et politiques de ces deux instruments (l'un français, l'autre européen) de gouvernement des politiques publiques sont différents, ils ont en commun de confier un rôle central à des *indicateurs statistiques*, c'est-à-dire à des outils peu évoqués dans les débats publics, alors qu'ils constituent les espaces et les langages mêmes qui délimitent et structurent ces débats[2].

La LOLF organise une nouvelle façon de structurer le budget de l'État, selon les objectifs à atteindre et non plus seulement selon les moyens attribués. Elle implique que ces objectifs soient explicités et *quantifiés*, afin que le Parlement ne se contente plus de voter des dépenses, mais puisse aussi vérifier la réalisation des objectifs et les performances des services. Cette idée de quantification des fins et des moyens de l'action publique semble aller de soi dès lors que le Parlement souhaite jouer pleinement son rôle constitutionnel de vote et de suivi de l'exécution du budget. Elle implique cependant un important travail d'objectivation et de mise en équivalence d'activités

1. Des précédents historiques, certes différents, pourraient être étudiés dans cette perspective : les expériences de planification économique des pays socialistes, ou la « rationalisation des choix budgétaires » (RCB) menée en France dans les années 1970, poursuivie ensuite sous le nom d'« évaluation des politiques publiques » (Spenlehauer, 1998). Dans ces divers cas, des indicateurs quantifiés non monétaires avaient été mis en œuvre.

2. Sur l'instrumentation de l'action publique à travers « le choix et l'usage des outils (techniques, moyens d'opérer, dispositifs) qui permettent de matérialiser et d'opérationnaliser l'action gouvernementale », voir l'ouvrage collectif, *Gouverner par les instruments*, dirigé par Pierre Lascoumes et Patrick Le Galès (2004).

disparates, dans la zone de contact déjà évoquée. Ces activités doivent être successivement parlées, nommées, qualifiées, comparées, classées, évaluées. L'indicateur à retenir n'est jamais évident. Un ordre social et institutionnel ancien est soudain décrit, explicité. Ceci ne peut se faire, en théorie, qu'en impliquant fortement les personnes concernées. Souvent, la notion même d'indicateur quantitatif suscite des réticences, qui peuvent être comparées à celles déjà décrites ci-dessus à propos de la médecine. On retrouve l'idée que ces procédures conduisent à « comparer l'incomparable ». Elles apparaissent parfois absurdes, et ceci d'autant plus que les acteurs sont personnellement plus impliqués dans leurs tâches. Le fait de créer des catégories, en principe pour simplifier le monde et le rendre lisible, tout à la fois le modifie, et en fait un autre monde. Les acteurs, changeant de système de référence, ne sont plus les mêmes acteurs, puisque leurs actions sont désormais orientées par ces indicateurs et ces classifications, qui deviennent des critères d'action et d'évaluation de celle-ci.

Dans des contextes certes différents, de tels effets ont été observés. Ainsi la planification centralisée dans les ex-pays socialistes a en partie échoué parce qu'il était impossible de fixer des indicateurs fiables de réalisation des objectifs du Plan, en raison des effets pervers induits par ces indicateurs, par rétroaction sur le comportement des acteurs. Dans le contexte nord-américain cette fois, Bowker et Star (1999) ont montré, dans une étude sur la mise en place d'une classification des professions dans le monde hospitalier, comment l'explicitation formalisée d'activités auparavant implicites, avait transformé celles-ci. Les indicateurs et les classifications sont tout à la fois des *contraintes* et des *ressources* qui, par leur existence même, changent le monde. De plus, ces instruments de gestion, que ces auteurs qualifient d'objets frontières, sont suffisamment ambigus et polysémiques pour circuler d'un monde à un autre avec des interprétations et des usages en partie différents. Ceci est une manière sociologique de comprendre la multivocité des énoncés statistiques, évoquée en introduction à partir des observations de Cournot. Cette métaphore des *objets frontières* peut être rapprochée de notre *zone de contact*, à condition d'interpréter celle-ci comme non seulement cognitive (contact entre des langages plus ou moins formalisés), mais aussi sociologique (contact entre des acteurs plus ou moins experts, usant de langages différents).

> Les objets frontières sont des objets présents dans plusieurs communautés de pratiques, qui satisfont les besoins informationnels de chacune d'elles. Ils sont assez plastiques pour s'adapter aux besoins locaux et aux contraintes des différentes parties qui les utilisent, et cependant assez robustes pour maintenir une identité commune à travers ces différents sites. Ils sont faiblement structurés pour ce qui est de leur usage commun, mais deviennent fortement structurés quand ils sont utilisés dans un site particulier. (Bowker et Star, 1999, p. 297.)

La Méthode ouverte de coordination (MOC) est utilisée par l'Union européenne pour tenter d'harmoniser des politiques sociales (emploi, éducation, assistance) ne relevant pas des domaines économiques et monétaires qui sont, eux, explicitement de sa compétence. Le premier exemple en a été la Stratégie européenne pour l'emploi (SEE) proposée au Sommet d'Amsterdam en 1997. La dénomination et la procédure de la MOC ont été décidées par le Sommet de Lisbonne en 2000. Le principe en est que, de façon intergouvernementale, les États se fixent des objectifs communs, eux-mêmes exprimés par des indicateurs quantifiés, par rapport auxquels les États seront ensuite classés et évalués, comme un palmarès. Les résultats de ce parangonnage (ou *benchmarking*) sont en principe indicatifs, mais le simple fait qu'ils soient publiés constitue un fort stimulant pour orienter les politiques nationales dans les directions indiquées lors des Sommets (Dehousse, 2004). Par exemple, un objectif de taux d'emploi de 70 % a été fixé à Lisbonne en 2000. Ainsi, de même que la LOLF, la MOC confère un rôle clé aux indicateurs statistiques, l'une pour la présentation et le suivi du budget de l'État, l'autre pour le pilotage indirect des politiques sociales européennes.

La façon dont les États membres de l'Union conviennent des méthodes de cette quantification est donc essentielle, bien que mal connue. Techniquement, ce travail est divisé en deux parties. Les autorités politiques décident du choix des indicateurs et les définissent de façon succincte avec des mots. Puis ils transmettent une commande de quantification aux statisticiens d'Eurostat (l'Office statistique de l'Union européenne) et des Instituts nationaux de statistique (INS). La phase « convenir » est donc elle-même partagée, puisque les responsables politiques laissent aux statisticiens le soin de régler les « détails », comme par exemple les définitions précises des notions de *taux d'emploi* (Salais, 2004), de *revenu disponible d'un ménage* (Nivière, 2005), de *sans-abri* (Brousse, 2005). Ces trois études montrent que, à ce stade, les statisticiens ne peuvent éviter, compte tenu des grandes différences institutionnelles entre les pays, de laisser dans le flou certaines spécifications, parfois importantes, des procédures de mesures, et ne peuvent pas les harmoniser complètement. Cette méthode est dite « ouverte » car elle n'est pas impérative, et laisse les États libres de l'adapter à leurs particularités institutionnelles, notamment en choisissant comme sources des enquêtes directes ou des registres administratifs (Desrosières, 2005).

Les indicateurs ainsi produits semblent des objets frontières au sens mentionné ci-dessus. Ces objets ont un caractère flou, non exhaustivement défini, ce qui leur permet de servir à la fois dans plusieurs univers qui auparavant s'ignoraient, et peuvent désormais se comparer. Ceci rapproche cette idée de celle de langage commun. Le langage naturel a des propriétés analogues : c'est parce que les locuteurs ne passent pas leur temps à expliciter le sens et le contenu des mots prononcés que la communication est possible. Les objets produits par la statistique publique, le taux de chômage, l'indice des prix, le PIB, sont en partie dans le même cas. Une explicitation complète de leur mode de construction et de leur contenu risquerait d'affaiblir leur efficacité argumentative, non seulement parce qu'elle dévoilerait des conventions ou des approximations non soupçonnées par l'utilisateur, mais tout bonnement pour des raisons d'économie du cours des échanges, des débats, des démonstrations dans lesquels ces arguments statistiques trouvent place. Ceci reste en général implicite, sauf en cas de controverse (comme l'a montré celle qui résulta du rapport Boskin). Cependant, cette idée de *flou* ne peut que choquer, à juste titre, des professionnels soucieux de définir et de standardiser précisément leurs objets. Ils sont pris entre deux exigences contradictoires. D'une part, ils souhaitent, en bons ingénieurs, spécifier complètement leurs procédures. D'autre part, les négociations les incitent à tolérer des compromis sans lesquels les indicateurs demandés pour le parangonnage seraient tout simplement impossibles à fournir. L'équilibre que, de fait, ils cherchent à maintenir entre ces deux exigences, est peu formalisé[1].

Les conditions sociales du recours au modèle de l'urne de Bernoulli

Les « résistances à la statistique » que Claude Ménard (1977 ; 1987) attribuent à Cournot peuvent être interprétées à la lumière des controverses évoquées ici. Il parle d'« une représentation épistémologique où la méthode d'investigation et l'objet de connaissance sont perçus comme interdépendants », ce qui exprime bien la façon réflexive dont les outils probabilistes et statistiques ont été décrits ci-dessus. Il ajoute, en paraphrasant Cournot :

> Comment comparer la particularité des faits sociaux, où on ne peut jamais refaire exactement la même expérience ? L'incapacité de résoudre ces problèmes a entraîné « le développement exubérant » de « l'information statistique » [...]. L'importance dans les phénomènes sociaux de l'espace et du temps, c'est-à-dire de l'his-

1. C'est cependant perceptible parfois à propos des *méta-données* (les données sur les données). Elles sont demandées et fournies, mais donner trop de détails pourrait introduire un doute insidieux, non souhaité. L'argument statistique est plus efficace s'il peut être invoqué dans sa nudité, sans notes en bas de page.

> toire, ne fait qu'accentuer ces difficultés. [...] Comment comparer des données prélevées dans des lieux, et donc dans des contextes humains, des « milieux ambiants » si hétérogènes ? [...] Comment circonscrire la part de l'observateur ? Sur quels instruments prendre appui ? (Ménard, 1977, p. 422.)

Ces interrogations peuvent être rapprochées de la critique (citée par Stigler, 1986) formulée en 1827 par le baron de Keverberg pour invalider la méthode d'enquête par échantillonnage probabiliste (les futurs « sondages »), utilisée par Laplace dès la fin du XVIIIe siècle pour évaluer la population du royaume de France. Comment, demande Keverberg, justifier l'hypothèse de l'unicité de l'urne de Bernoulli, alors que le territoire français est si hétérogène ? Cette façon de remplacer le tout par une (petite) partie permet-elle d'extrapoler un résultat obtenu dans de telles conditions ? La convention d'équivalence des boules contenues dans l'urne est ainsi récusée. Cette critique eut un tel impact (notamment sur Quetelet) que la méthode des sondages probabilistes en fut complètement disqualifiée jusqu'au début du XXe siècle (Desrosières, 2000, chap. 7).

L'idée de convention d'équivalence développée ici vise à montrer que ces objections, de Keverberg et de Cournot, ont été levées, depuis ces années 1820 à 1840, non pas logiquement dans l'univers de l'épistémologie de la connaissance dans lequel se situait Cournot, mais socialement, dans un monde où des hommes conviennent de comparer l'incomparable, en traitant comme équivalentes des situations hétérogènes, *et ceci à des fins pratiques*. De ce point de vue, les usages sociaux des probabilités et des statistiques ont été desservis par le rapprochement avec les sciences de la nature, que les pionniers de la quantification des sciences sociales, et plus généralement, du pilotage et de l'évaluation de l'action publique, ont fréquemment opéré. Ils espéraient ainsi bénéficier de l'objectivité supposée des dites sciences, selon lesquelles, au XIXe siècle, « il n'y a de science que du mesurable ». Un autre rapprochement, moins familier, serait possible, avec les constructions issues du droit ou des sciences politiques. Une société ne peut exister sans conventions constitutives, négociées et inscrites dans des textes stables. Conventionnel n'est pas synonyme d'arbitraire. À partir du XVIIIe siècle, les outils probabilistes et statistiques sont entrés dans la panoplie des langages communs et des instruments à travers lesquels les sociétés humaines se pensent et agissent, expriment leurs projets ou leurs désaccords. Cournot était peut-être trop logicien et épistémologue pour aller plus loin dans ses intuitions fécondes sur la multiplicité des significations des outils probabilistes et statistiques de son temps. Il est vrai que leurs usages sociaux étaient alors beaucoup moins nombreux qu'aujourd'hui. Les questions que Cournot traitait en philosophe peuvent l'être maintenant en termes de sociologie des diverses formes de quantification et de modélisation, dans le monde de l'action et dans les sciences économiques et sociales.

Bibliographie

ŒUVRES DE A.-A. COURNOT

Cournot, A.-A. (1828), « De la théorie des probabilités considérée comme la matière d'un enseignement », tome II, pp. 243-254 ; rééd. dans la revue en ligne *Journ@l électronique d'histoire des probabilités et des statistiques*, www.jehps.net, vol. 1/2, 2005.

Cournot, A.-A., (1838), *Recherches sur les principes mathématiques de la théorie des richesses*, Paris, Hachette ; rééd. par G. Jorland (1980), *Œuvres complètes,* t. VIII, Paris, Vrin.

Cournot, A.-A. (1841), *Traité élémentaire de la théorie des fonctions et du calcul infinitésimal*, Paris, Hachette ; rééd. par P. Dugac (1984), *Œuvres complètes,* t. VI-I, Paris, Vrin.

Cournot, A.-A. (1843), *Exposition de la théorie des chances et des probabilités*, Paris, Hachette ; rééd. par B. Bru (1984), *Œuvres complètes,* t. I, Paris, Vrin.

Cournot, A.-A. (1847), *De l'origine et des limites de la correspondance entre l'algèbre et la géométrie*, Paris, Hachette ; rééd. par N. Bruyère (1989), *Œuvres complètes,* t. VI-II, Paris, Vrin.

Cournot, A.-A. (1851), *Essai sur les fondements de nos connaissances et sur les caractères de la critique philosophique*, Paris, Hachette ; rééd. par J.-C. Pariente (1975), *Œuvres complètes,* t. II, Paris, Vrin.

Cournot, A.-A. (1861), *Traité de l'enchaînement des idées fondamentales dans les sciences et dans l'histoire*, Paris, Hachette ; rééd. par N. Bruyère (1981), *Œuvres complètes*, t. III, Paris, Vrin.

Cournot, A.-A. (1863), *Principes de la théorie des richesses*, Paris, Hachette ; rééd. par G. Jorland (1981), *Œuvres complètes*, t. VIII, Paris, Vrin.

Cournot, A.-A. (1864), *Des Institutions d'instruction publique en France*, Paris, Hachette ; rééd. par A. Kremer-Marietti (1977), *Œuvres complètes*, t. VII, Paris, Vrin.

Cournot, A.-A. (1872), *Considérations sur la marche des idées et des événements dans les temps modernes*, Paris, Hachette ; rééd. par A. Robinet (1973), *Œuvres complètes*, t. IV, Paris, Vrin.

Cournot, A.-A. (1875), *Matérialisme, vitalisme, rationalisme. Études sur l'emploi des données de la science en philosophie*, Paris, Hachette ; rééd. par C. Salomon-Bayet (1979), *Œuvres complètes*, t. V, Paris, Vrin.

Cournot, A.-A. (1877), *Revue sommaire des Doctrines économiques*, Paris, Hachette ; rééd. (1982), *Œuvres complètes*, t. X, Paris, Vrin.

BIBLIOGRAPHIE GÉNÉRALE

Aglietta, M. et A. Orléan (2002), *La Monnaie entre violence et confiance*, Paris, Odile Jacob.

Aldrich, J. (2003), « The language of the English biometric school », *International Statistical Review*, 71 (1), pp. 109-129.

Aleksandrov, A.D., A.N. Kolmogorov et M.A. Lavrent'ev (éds.) (1956), *Математика, ее содержание, методы и значение*, Moscou, Nauka, 3 volumes.

Alembert, J. d' (1761), « Réflexions sur le calcul des probabilités », in J. d'Alembert (1761-1780), *Opuscules mathématiques*, volume 2, pp. 1-25.

Alembert, J. d' (1767), « Doutes et questions sur le calcul des probabilités », in J. d'Alembert (1759-1767), *Mélanges de littérature, d'histoire, et de philosophie*, Paris, volume 5, pp. 275-304.

Amosse, T., Y. Andrieux et L. Muller (2001), « L'esprit humain est-il bayésien ? », *Courrier des statistiques*, n° 100, pp. 25-28. http://www.insee.fr/fr/ffc/docs_ffc/cs100g.pdf

Anderson, O. (1935), *Einführung in die mathematische Statistik*, Vienne, Springer.

Anderson, O. (1949), « Die Begründung des Gesetzes der grossen Zahlen und die Umkehrung des Theorems von Bernoulli », *Dialectica*, vol. 3, n° 9/10, pp. 65-77.

Anderson, O. (1963), *Probleme der statistischen Methodenlehre in den Sozialwissenschaften*, Würzburg, Physica Verlag.

Anderson, R. (1992), « The Core in Perfectly Competitive Economies », in Aumann et Hart, 1992, pp. 413-457.

Anonyme (1954), « Account in Russian of a conference on statistics in Moscow in 1954 », *Вестник статистики (Bulletin de Statistiques)*, 5, pp. 39-95.

Armatte, M. (1991), « Une discipline dans tous ses états : La statistique à travers ses traités (1800-1914) », *Revue de synthèse*, avril-juin, t. CXII, n° 2, pp. 161-206.

Armatte, M. (1995), *Histoire du modèle linéaire. Formes et usages en statistique et économétrie jusqu'en 1945*, Paris, thèse EHESS.

Armatte, M. et A. Dahan-Dalmedico (2004), « Modèles et modélisations, 1950-2000 : Nouvelles pratiques, nouveaux enjeux », *Revue d'Histoire des Sciences*, 57(2), pp. 245-305.

Aumann, R. (1959), « Acceptable Points in General Cooperative n-Person Games », in *Contributions to the Theory of Games IV, Annals of Mathematics Study* 40, sous la direction de A. Tucker et R. D. Luce, Princeton University Press, pp. 287-324.

Aumann, R. (1964), « Markets with a Continuum of Traders », *Econometrica* 32, pp. 39-50.

Aumann, R. (1974), « Subjectivity et Correlation in Randomized Strategies », *Journal of Mathematical Economics* 1, pp. 67-96.

Aumann, R. (1987), « Correlated Equilibrium as an Expression of Bayesian Rationality », *Econometrica* 55, pp. 1-18.

Aumann, R. et S. Hart (éds.) (1992, 1994, 2002), *Handbook of Game Theory, with Economic Applications*, vol. 1, 2, 3, Amsterdam, Elsevier.

Aumann, R. et L. Shapley (1994), « Long-Term Competition : A Game-Theoritic Analysis », in *Essays in Game Theory in Honor of Michael Maschler*, sous la direction de N. Meggido, New York, Springer, pp. 1-15.

Bachelier, L. (1900), « Théorie de la spéculation », *Annales scientifiques de l'École Normale Supérieure*, 3e série, 17, pp. 21-86 ; réimpression 1995, Paris, Éditions Jacques Gabay.

Béraud, A. (2001), « Richesse et valeur : la contribution des économistes français du début du XIXe siècle », Université de Cergy-Pontoise, http://www.u-cergy.fr/rech/pages/beraud/valeur.pdf

Bernoulli, J. (1713), *Ars conjectandi*, Bâle ; IVe partie traduite du latin par N. Meusnier (1987), in *Jacques Bernoulli et l'Ars conjectandi*, I.R.E.M. de Rouen.

Bernstein, F. (1912), « Über eine Anwendung der Mengenlehre auf ein aus der Theorie der säkularen Störungen herrührendes Problem », *Mathematische Annalen*, 71, pp. 417-439.

Bertrand, J. (1883), « Théorie mathématique de la richesse sociale, par L. Walras ; Recherches sur les principes mathématiques de la théorie des richesses, par A. Cournot », *Journal des savants*, septembre, pp. 499-508 ; aussi : *Bulletin des Sciences mathématiques et astronomiques*.

Bohlmann, G. (1901), « Lebensversicherungs-Mathematik », *Encyklopädie der mathematischen Wissenschaften*, I/2, Leipzig, Teubner, pp. 852-917.

Bordas-Desmoulin, J.-B. (1843), *Le cartésianisme ou la véritable rénovation des sciences*, Paris, J. Hetzel.

Borel, É. (1906), « La valeur pratique du calcul des probabilités », Revue du mois, 1, pp. 424-437. Repris dans Borel, É. (1972), *Œuvres de Émile Borel*, Paris, Centre national de la Recherche scientifique, volume 2, pp. 991-1004.

Borel, É. (1909), *Éléments de la théorie des probabilités*, Paris, Gauthier-Villars, 3e édition, 1924.

Borel, É. (1914), *Le Hasard*, Paris, Félix Alcan.

Borel, É. (1930), « Sur les probabilités universellement négligeables », *Comptes rendus hebdomadaires des séances de l'Académie des Sciences*, 190, pp. 537-540.

Borel, É. (1941), *Le Jeu, la chance et les théories scientifiques modernes*, Paris, Gallimard.

Borel, É. (1943), *Les Probabilités et la vie*, Paris, PUF.

Borel, É. (1950), *Probabilité et certitude*, Paris, Gauthiers-Villars.

Borel, É. (1972), *Œuvres de Émile Borel*, Paris, Centre national de la Recherche scientifique, 4 volumes.

Borel, É. (1991), *Valeur pratique et philosophie des probabilités*, Paris, PUF (1re édition 1939).

Bortkiewicz, L. von (1901), « Anwendungen der Wahrscheinlichkeitsrechnung auf Statistik », in *Encyklopädie der mathematischen Wissenschaften*, Leipzig, Teubner, Bd. I, Teil 2, pp. 821-851.

Boskin, M. *et alii* (1996), *Toward a More Accurate Measure of the Cost of Living : Final Report to the Senate Finance Committee*, Washington D.C., U.S. Government Printing Office.

Boudot, M. (1972), *Logique inductive et probabilité*, Paris, A. Colin.

Bouleau, N. (1999), *Philosophie des mathématiques et de la modélisation*, Paris, L'Harmattan.

Bourghelle, D., O. Brandouy, R. Gillet et A. Orléan (éd.) (2005), *Croyances, représentations collectives et conventions en France*, Paris, Economica.

Bowker, G. et S. Star (1999), *Sorting Things Out. Classification and Its Consequences*, Cambridge, Ma., MIT Press.

Bowley, A.L. (1924), *Mathematical Groundwork of Economics*, Oxford, Oxford University Press.

Breton, Y. (1987), « Les économistes libéraux français et la statistique. Débat et controverses 1800-1914 », *Journal de la Société de statistique de Paris*, n° 2, pp. 79-99.

Brissaud, M. (éd.) (2002), *Écrits sur les processus aléatoires : Mélanges en hommage à Robert Fortet*, Paris, Lavoisier.

Brousse, C. (2005), « Définir et compter les sans-abri en Europe : enjeux et controverses », *Genèses*, 58, pp. 48-71.

Brouwer, L.E.J. (1918), « Begründung der Mengenlehre unabhängig vom logischen Satz vom ausgeschlossenen Dritten. Erster Teil. Allgemeine Mengelehre », *Koninklijke Nederlandse Akademie van Wetenschschappen Verhandelingen*, 5, pp. 1-43.

Bru, B. (1981), « Poisson, le calcul des probabilités et l'instruction publique », in M. Métivier, P. Costabel et P. Dugac (éds.), *Siméon Denis Poisson et la science de son temps*, Palaiseau, Éditions de l'École polytechnique, pp. 51-94.

Bru, B. (1999), « Borel, Lévy, Neyman, Pearson et les autres », *Matapli*, vol. 60, pp. 51-60.

Bru, B. (2002), « Présentation de l'œuvre de Robert Fortet », in M. Brissaud (éd.) (2002), *Écrits sur les processus aléatoires : Mélanges en hommage à Robert Fortet*, Paris, pp. 19-48.

Bru, B. (2005), « Poisson, the Probability Calculus, and Public Education », *Journ@l électronique d'histoire des probabilités et de la statistique*, vol. 1, n° 2, novembre.

Buffon, G.-L. Leclerc de (1777), « Essai d'arithmétique morale », in *Supplément à l'Histoire naturelle, générale et particulière*, vol. IV, Paris, Imprimerie royale, pp. 46-148 ; rééd. par J. Roger (1977), *Un autre Buffon*, Paris, Hermann.

Callon, M., P. Lascoumes et Y. Barthe (2001), *Agir dans un monde incertain. Essai sur la démocratie technique*, Paris, Le Seuil.

Carnap, R. (1945), « The two concepts of probability », *Philosophy and phenomenological research*, 5, pp. 513-532.

Carnap, R. (1950), *Logical foundations of probability*, Chicago, The University of Chicago Press.

Casta, J.F. (2000), « Théorie positive de la comptabilité », in B. Colasse (éd.), *Encyclopédie de la comptabilité, Contrôle de gestion et audit*, Paris, Economica, pp.1223-1232.

Castelnuovo, G. (1919), *Calcolo delle probabilitá*, Milan-Rome-Naples, Albrighi e Segati.

Chamberlin, E.H. (1929), « Duopoly : Value when Sellers are Few », *Quarterly Journal of Economics*, 44, pp. 63-100.

Chamberlin, E.H. (1954), *La Théorie de la concurrence monopolistique*, Paris, PUF (1re édition, 1933).

Chamley, Paul (1944), *L'Oligopole*, Paris, PUF.

Chemarin, S. (2005), « Vers une théorie économique de l'assurabilité en incertitude », in C. Henry, S. Chemarin et E. Michel-Kerjean, *Incertitude, Précaution et Assurabilité*, Rapport pour le Commissariat général du Plan. http://ceco.polytechnique.fr/CDD/PDF/2005-005.pdf

Cherriman, J.B. (1857), « Recherches sur les Principes Mathématiques de la Théorie des Richesses, par Augustin Cournot », *Canadian Journal of Industry, Science and Art*, pp. 185-194.

Chiappello, E. et A. Desrosières (2003), « La quantification de l'économie et la recherche en sciences sociales : paradoxes, contradictions et omissions. Le cas exemplaire de la *Positive Accounting Theory* », communication au colloque « Conventions et Institutions : approfondissements théoriques et contributions au débat politique », http://forum.uparis10.fr/cd/fr/seminaires/coll_convention

Chuprov, A.A. (1910), *Очерки по теории статистики (Essays on the Theory of Statistics)*, Saint-Pétersbourg, Sabashnikov.

Comte, A. (1830-1842), *Cours de philosophie positive*, Paris, Bachelier, 6 vol. ; Paris, Hermann, 1975, 2 vol.

Copeland, T.E. et J.F. Weston (1988), *Financial Theory and Corporate Policy*, Reading, Ma., Addison-Wesley.

Cramer, H. (1946), *Mathematical Methods in Statistics*, Princeton, NJ, Princeton University Press.

Crombie, A. (1994), *Styles of Scientific Thinking in the European Tradition : The history of argument and explanation especially in the mathematical and biomedical sciences and arts*, Londres, Duckworth.

Debreu, G. et Scarf, H. (1963), « A Limit Theorem on the Core of an Economy », *International Economic Review* 4, pp. 235-246.

D'Holbach, P.H. (1770), *Système de la nature, ou des lois du monde physique et du monde moral*, 1re partie, ch. V, rééd. par J. Boulad-Ayoub (1990), Paris, Fayard, coll. Corpus.

Daston, L. (1979), « D'Alembert's critique of probability theory », *Historia Mathematica*, 6, 259-279.

Daston, L. (1988), *Classical Probability in the Enlightenment*, Princeton, Princeton University Press.

Daston, L. (1989), « L'interprétation classique du calcul des probabilités », *Annales ESC*, 3, pp. 715-731.

Daston, L. (1994), « How probabilities came to be objective and subjective », *Historia Mathematica*, 21, pp. 330-344.

Dawid, A.P. (1984), « Statistical theory : The prequential approach (with discussion) », *Journal of the Royal Statistical Society*, Series A, 147, pp. 278-292.

Dawid, A.P. (2004), « Probability, causality and the empirical world : A Bayes-de Finetti-Popper-Borel synthesis », *Statistical Science*, 19, pp. 44-57.

De Finetti, B. (1930), « A proposito dell'estensione del teorema delle probabilità totali alle classi numerabili », *Rendiconti del Reale Istituto Lombardo di Scienze e Lettere*, 63, pp. 901-905, 1063-1069.

De Finetti, B. (1939), *Compte rendu critique du colloque de Genève sur la théorie des probabilités*, Paris, Hermann ; 8e fascicule de Wavre, R. (1938-1939), colloque consacré à la théorie des probabilités, Paris, Hermann.

De Finetti, B. (1951), « Recent suggestions for the reconciliation of theories of probability », in J. Neyman (éd.) (1951), *Proceedings of the Second Berkeley Symposium on Mathematical Statistics and Probability*, Berkeley et Los Angeles, University of California Press, pp. 217-225.

De Finetti, B. (1955), « Notes de M. B. de Finetti sur le "Rapport général" », in M. Fréchet (1955), *Les Mathématiques et le concret*, Paris, PUF, pp. 232-241.

Dehousse, R. (2004): « La méthode ouverte de coordination. Quand l'instrument tient lieu de politique », in P. Lascoumes et P. Le Galès (éds.) (2004), *Gouverner par les instruments*, Paris, Presses de Sciences-Po, pp. 331-356.

De Morgan, A. (1838), *An Essay on Probabilities, and on their Application to Life Contingencies and Insurance Offices*, Londres, Longman, Orme, Brown. Réimprimé par Arne Press, New York, 1981.

Desrosières, A. (2000), *La Politique des grands nombres. Histoire de la raison statistique*, Paris, La Découverte/Poche. Trad. anglaise Desrosières, A. (1998), *The Politics of Large Numbers. A History of Statistical Reasoning*, Harvard, Harvard University Press.

Desrosières, A. (2005), « Décrire l'État ou explorer la société : les deux sources de la statistique publique », *Genèses*, 58, pp. 4-27.

Détienne, M. (2000), *Comparer l'incomparable*, Paris, Le Seuil.

Dimand, R.W. (1988), « An Early Canadian Contribution to Mathematical Economics : J.B.Cherriman's 1857 review of Cournot », *Canadian Journal of Economics*, XXI(3), pp. 45-49.

Doob, J.L. (1940), « Regularity properties of certain families of chance variables », *Transactions of the American Mathematical Society*, 47, pp. 455-486.

Doob, J.L. (1941), « Probability as measure », *Annals of Mathematical Statistics*, 12, pp. 206-214. Article inspiré d'un débat avec Richard von Mises lors d'une réunion à l'Institute of Mathematical Statistics, Hanover, New Hampshire, septembre 1940.

Doob, J.L. (1949), « Application of the theory of martingales », in *Le Calcul des probabilités et ses applications,* Colloques Internationaux, Paris, Centre National de la Recherche Scientifique, pp. 23-27.

Doob, J.L. (1953), *Stochastic Processes*, New York, Wiley.

Duvillard de Durand, E. (1806), *Analyse et Tableaux de l'influence de la petite vérole sur la mortalité à chaque âge, et de celle qu'un préservatif tel que la vaccine peut avoir sur la population et la longévité*, Paris, Imprimerie impériale.

Edgeworth, F.Y. (1881), *Mathematical Psychics. An Essay on the Application of Mathematics to the Moral Sciences*, Londres, C. Kegan Paul.

Edgeworth, F.Y. (1887), *Metretike, or the Method of Measuring Probabilities and Utility*, Londres, Temple.

Edgeworth, F.Y. (1889), « Points at which Mathematical Reasoning is applicable to Political Economy » (Opening Address to the British Association, section F, Economic science and statistics), *Nature*, pp. 496-509.

Edgeworth, F.Y. (1891), « La théorie mathématique de l'offre et de la demande et le coût de production », *Revue d'Économie politique*, pp. 10-28.

Edgeworth, F.Y. (1894), *Dictionary of Political Economy*, Londres, Macmillan, art. Cournot, p. 445.

Edgeworth, F.Y. (1897), « La Teoria Pura del Monopolio », *Giornale degli Economisti*, pp. 13-31.

Edgeworth, F.Y. (1922), « The Mathematical Economics of Professor Amoroso », *The Economic Journal*, pp. 400-407.

Edgeworth, F.Y. (1996), *Writings in Probability, Statistics, and Economics*, Charles R. McCann, Jr. (éd.), Cheltenham, UK, Edward Elgar, 3 vol.

Ekelund, R. et R. Hébert (1990), « Cournot and His Contemporaries : Is an Obituary the Only Bad Review », *Southern Economic Journal*, pp. 139-149.

Ellis, R.L. (1849), « On the foundations of the theory of probabilities », *Transactions of the Cambridge Philosophical Society*, 8(1), pp. 1-6.

Espeland, W. et M. Stevens (1998), « Commensuration as a Social Process », *Annual Review of Sociology*, 24, pp. 313-343.

Fagot-Largeault, A. (1991), « Réflexions sur la notion de qualité de la vie », *Archives de philosophie du droit*, t. 36, vol. « Droit et science », pp. 135-153.

Fama, E. (1970), « Efficient capital markets : A review of theory and empirical work », *Journal of Finance*, 25, pp. 383-417.

Fama, E. (1976), *Foundations of Finance*, New York, Basic Books.

Fauveau, P.-G. (1864), *Considérations mathématiques sur la théorie de l'impôt*, Paris, Gauthier-Villars.

Fauveau, P.-G. (1867), « Considérations mathématiques sur la théorie de la valeur », *Journal des économistes*, pp. 31-40.

Fellner, W. (1949), *Competition Among the Few*, New York, Augustus McKelley.

Fisher, I. (1898), « Cournot and Mathematical Economics », *Quarterly Journal of Economics*, 12, pp. 119-138.

Fisher, R.A. (1922), « On the mathematical foundations of theoretical statistics », *Philosophical Transactions of the Royal Society of London*, A, 222, pp. 309-368.

Fisher, R.A. (1925), *Statistical Methods for Research Workers*, Édimbourg, Oliver and Boyd, 1re éd. ; 3e éd. 1958.

Fisher, R.A. (1956), *Statistical Methods and Scientific Inference*, Édimbourg, Oliver and Boyd.

Fitoussi, J.-P. (2002), *La Règle et le choix : de la souveraineté économique en Europe*, Paris, Le Seuil.

Fontenay, R. de (1863), « *Principes de la théorie des richesses* par M. Cournot », *Journal des économistes*, pp. 231-251.

Forges, F. (1992), « Repeated Games of Incomplete Information : Non-Zero-Sum », in Aumann et Hart (1992), pp. 155-157.

Fortet, R. (1948), « Opinions modernes sur les fondements du calcul des probabilités », in Le Lyonnais, F., *Les Grands Courants de la pensée mathématique*, Paris, Blanchard, Cahiers du Sud.

Fréchet, M. (1930), « Sur l'extension du théorème des probabilités totales au cas d'une suite infinie d'événements », *Rendiconti del Reale Istituto Lombardo di Scienze e Lettere*, 63, pp. 899-900, 1059-1062.

Fréchet, M. (1937), *Généralités sur les probabilités. Variables aléatoires*, Paris, Gauthier-Villars. Repris dans Fréchet (1937-1938).

Fréchet, M. (1937-1938), *Recherches théoriques modernes sur la théorie des probabilités*, Paris, Gauthier-Villars.

Fréchet, M. (1938a), « Exposé et discussion de quelques recherches récentes sur les fondements du calcul des probabilités », in R. Wavre (éd.) (1938), *Les Fondements du calcul des probabilités*, pp. 23-55. Reprend le fascicule 2 de Wavre, R. (1938-1939), Colloque consacré à la théorie des probabilités, Paris, Hermann.

Fréchet, M. (1938b), *Méthode des fonctions arbitraires. Théorie des événements en chaîne dans le cas d'un nombre fini d'états possibles*, Paris, Gauthier-Villars.

Fréchet, M. (1951), « Rapport général sur les travaux de la section de calcul des probabilités », XVIIIe congrès international de philosophie des sciences, *Actualités scientifiques et industrielles*, n° 1146, Paris, Hermann 1951, pp. 3-21.

Fréchet, M. (1955), *Les Mathématiques et le concret*, Paris, PUF.

Fréchet, M. et M. Halbwachs (1924), *Le Calcul des probabilités à la portée de tous*, Paris, Dunod.

Friedman, J.W. (2000), « The Legacy of Augustin Cournot », *Cahiers d'économie politique*, 37, pp. 31-46.

Frisch, R. (1933), « Monopole – Polypole – la notion de force dans l'économie », *Nationalekonomisk Tidsskrift*, LXXI, pp. 241-259.

Gabszewicz, J. et Shitovitz, B. (1992), « The Core in Imperfectly Competitive Economies », in Aumann et Hart (1992), pp. 459-483.

Gadrey, J. et F. Jany-Catrice (2005), *Les Nouveaux Indicateurs de richesse*, Paris, La Découverte.

Gale, D. et Shapley, L.S. (1962), « College Admissions End the Stability of Marriage », *American Mathematical Monthly* 69, pp. 9-15.

Gigerenzer, G. et D.J. Murray (1987), *Cognition as Intuitive Statistics*, Hillsdale, NJ, Lawrence Erlbaum Associates.

Gnedenko, B.V. (1950), *Курс теории бероятностей (Theory of Probability)*, Moscou, Nauka, 1re éd. 1950 ; 6e éd. 1988.

Godard, O. (éd.) (1997), *Le Principe de précaution dans la conduite des affaires humaines*, MSH et INRA.

Grenier, J.Y., C. Grignon et P.-M. Menger (éds.) (2002), *Le Modèle et le récit*, Paris, Éditions de la Maison des Sciences de l'Homme.

Hacking, I. (1975), *The Emergence of Probability*, Cambridge, Cambridge University Press. Traduction française : Hacking, I. (2002), *L'Émergence de la probabilité*, Paris, Seuil.

Hacking, I. (1990), *The Taming of Chance*, Cambridge, Cambridge University Press.

Hacking, I. (1992), « Statistical Language, Statistical Truth, Statistical Reason : The Self-Authentification of a Style of Reasoning », in H. MacMullin (éd.) (1992), *Social Dimensions of Science*, Notre Dame, Notre Dame University Press, pp. 130-157.

Hacking, I. (1999), *The Social Construction of What ?*, Cambridge, Ma., Harvard University Press. Traduction française : Hacking, I. (2001), *Entre science et réalité. La construction sociale de quoi ?*, Paris, La Découverte.

Hadamard, J. (1922), « Les principes du calcul des probabilités », *Revue de métaphysique et de morale*, 39, pp. 289-293. Une version un peu plus longue, intitulée « Les axiomes du calcul des probabilités », figure dans *Œuvres* de Jacques Hadamard, Paris, Centre national de la Recherche scientifique, 1968, tome IV, pp. 2161-2162.

Hastie, T., R. Tibshirani et J. Friedman (2001), *The Elements of Statistical Learning Theory : Data Mining, Inference, and Prediction*, New York, Springer.

Hayek, F.A. (1978), *Competition as a discovery procedure*, in *New Studies in Philosophy, Politics, Economics and History of Ideas*, Chicago, University of Chicago Press, pp. 179-190.

Hirsch, G. von (1954), « Sur un aspect paradoxal de la théorie des probabilités », *Dialetica*, 8, pp. 125-144.

Hotelling, H. (1929), « Stability in Competition », *The Economic Journal*, pp. 41-57.

Howie, D. (2002), *Interpreting Probability : Controversies and Developments in the Early Twentieth Century*, Cambridge, Cambridge University Press.

Hutchison, T.W. (1955), « Insularity and Cosmopolitanism in Economic Ideas, 1870-1914 », *American Economic Review*, XLV, pp. 1-16.

Israël, G. (1996), *La Mathématisation du réel : Essai sur la modélisation mathématique*, Paris, Le Seuil.

Jaffé, W. et G. Guilbaud (1952), « La correspondance complète de Cournot et Walras (1873-1875) », *Économie appliquée*, Paris, tome V, janv.-mars, n° 1.

Jevons, W.S. (1874), *The principles of science : a treatise on logic and scientific method*, Londres, New York, Macmillan, 2 vol. 2e édition 1887. Réimpression Dover, 1958.

Johnson, N.L. et S. Kotz (1997), *Leading Personalities in Statistical Sciences*, New York, Wiley.

Jorland, G. (1987), « The Saint-Petersbourg Paradox, 1713-1937 », in L. Kruger, L. Daston et L. Heidelberger (éd.), *The Probabilistic Revolution*. Vol. 1 : *Ideas in History*, Cambridge, MIT Press, pp.157-190.

Kahneman, D. et A. Tversky (1973), « Availability : A heuristic for judging frequency and probability », *Cognitive Psychology*, 5, pp. 207-232.

Kamlah, A. (1983), « Probability as a quasi-theoretical concept ; J. V. Kries' sophisticated account after a century », *Erkenntnis*, 19, pp. 239-251.

Kannai, Y. (1992), « The Core and Balancedness », in Aumann et Hart (1992), pp. 355-395.

Keynes, J.M. (1921), *A Treatise on Probability*, Londres, Macmillan.

Keynes, J.M. (1937), « The general theory of employment », *Quarterly Journal of Economics*, 51, pp. 209-233.

Knight, F.H. (1921), *Risk, Uncertainty and Profit*, Boston, Houghton Mifflin.

Kolmogorov, A.N. (1931), « Über die analytischen Methoden in der Wahrscheinlichkeitsrechnung », *Mathematische Annalen*, 104, pp. 415-458.

Kolmogorov, A.N. (1933), *Grundbegriffe der Wahrscheinlichkeitsrechnung*, Berlin, Springer.

Kolmogorov, A.N. (1948), « The main problems of theoretical statistics (abstract) », in *Второе бсесоюзное собещание по математической статистике (Second National Conference on Mathematical Statistics)*, Tachkent, pp. 216-220.

Kolmogorov, A.N. (1954), résumé, en russe, de sa contribution à une conférence sur la statistique tenue à Moscou en 1954. In Anonyme (1954), « Account in Russian of a conference on statistics in Moscow in 1954 », *Вестник статистики (Bulletin of Statistics)*, 5, pp. 46-47.

Kolmogorov, A.N., « Теория вероятностей », in A.D. Aleksandrov, A.N. Kolmogorov et M.A. Lavrent'ev (éds.) (1956), *Математика, ее содержание, методы и значение*, Moscou, Naouka.

Kolmogorov, A.N. (1983), « Combinatorial foundations of information theory and the calculus of probabilities », *Russian Mathematical Surveys*, 38(4), pp. 29-40.

Kolmogorov, A.N. (1992), *Selected Works of A. N. Kolmogorov.* Volume II : *Probability Theory and Mathematical Statistics*, Dordrecht, Kluwer.

Kotz, S. (1965), « Statistics in the USSR », *Survey*, 57, pp. 132-141.

Kries, J. von (1886), *Die Principien der Wahrscheinlichkeitsrechnung. Eine logische Untersuchung*, Fribourg, Mohr.

Kurz, M. (1994), « Game Theory and Public Economics », in Aumann et Hart (1994), pp. 1153-1192.

Kyburg Jr., H.E. (1961), *Probability and the Logic of Rational Belief*, Middletown, Connecticut, Wesleyan University Press.

Lacroix, S.-F. (1816), *Traité élémentaire du calcul des probabilités*, Paris, Courcier.

Laplace, P.-S. (1773-1774), « Recherches sur les suites récurro-récurrentes et sur leurs usages dans la théorie des hasards », *Mémoires de mathématique et de physique...*, in *Essai philosophique sur les probabilités*, éd. Ch. Bourgois.

Laplace, P.-S. (1814), *Essai philosophique sur les probabilités*, Paris, Courcier ; rééd. Christian Bourgois, 1986.

Lascoumes, P. et P. Le Galès (éds.) (2004), *Gouverner par les instruments*, Paris, Presses de Sciences-Po.

Le Lionnais, F. (éd.) (1948), *Les Grands Courants de la pensée mathématique*, Paris, Cahiers du Sud. Volume repr. par Blanchard en 1962 et par Hermann en 1998.

Leonard, R.J. (1994), « Reading Cournot, Reading Nash : the Creation and Stabilisation of the Nash Equilibrium », *The Economic Journal*, 104 (424), pp. 492-511.

Le Roy, S.F. (1989), « Efficient capital markets and martingales », *Journal of Economic Literature*, 27, pp. 1583-1621.

Lévy, P. (1925), *Calcul des probabilités*, Paris, Gauthier-Villars.

Lévy, P. (1937), *Théorie de l'addition des variables aléatoires*, Paris, Gauthier-Villars, 2e éd. 1954.

Li, M. et P. Vitányi (1997), *An Introduction to Kolmogorov Complexity and Its Applications*, New York, Springer.

Loève, M. (1955), *Probability theory : foundations, random sequences*, Princeton, NJ, Van Nostrand ; 2e éd. 1960.

Lorentz, G.G. (2002), « Mathematics and politics in the Soviet Union from 1928 to 1953 », *Journal of Approximation Theory*, 116, pp. 169-223.

Loveland, J. (2001), « Buffon, the certainty of sunrise, and the probabilistic reductio ad absurdum », *Archive for History of Exact Sciences*, 55, pp. 465-477.

Lucas, R. et E. Prescott (1971), « Investment under uncertainty », *Econometrica*, 39, pp. 659-681.

Magnan de Bornier, J. (1992), « The "Cournot-Bertrand Debate" : A Historical Perspective », *History of Political Economy*, 24 (3), pp. 623-656.

Magnan de Bornier, J. (2000), « Cournot avant Nash : grandeur et limites d'un modèle unitaire de la concurrence », *Cahiers d'Économie politique*, 37, pp. 101-125.

Magnan de Bornier, J. (2004), « La valeur dans l'œuvre de Cournot », *Économies et sociétés, Histoire de la pensée économique*, 35, pp. 1525-1544.

Malkiel, B.G. (2003), « The efficient market hypothesis and its critics », *Journal of Economic Perspectives*, 17, pp. 59-82.

Markov, A.A. (1900), *Исчисление вероятностей (Calculus of Probability)*, Типоарафия Императорской Академии Наук, Saint-Pétersbourg, 2e éd. 1908.

Markov, A.A. (1912), *Wahrscheinlichkeitsrechnung*, Leipzig, Teubner.

Marshall, A. (1920), *Principles of Economics*, Londres, Macmillan.

Martin, T. (1994), « La valeur objective du calcul des probabilités selon Cournot », *Mathématiques et Sciences humaines*, 127, pp. 5-17.

Martin, T. (1995), « Probabilités et philosophie des mathématiques chez Cournot », *Revue d'Histoire des mathématiques*, 1, pp. 111-138.

Martin, T. (1996), *Probabilités et critique philosophique selon Cournot*, Paris, Vrin, coll. « Mathesis ».

Martin, T. (2003), « Probabilité et certitude », in T. Martin (éd.) (2003), *Probabilités subjectives et rationalité de l'action*, Paris, CNRS Éditions, pp. 119-134.

Martin, T. (2005), *Nouvelle bibliographie cournotienne*, Besançon, Presses universitaires de Franche-Comté. Publication en ligne disponible sur http://presses-ufc.univ-fcomte.fr

Martin-Löf, P. (1966-1967), *Statistics from the point of view of statistical mechanics*, notes de Ole Jørsboe. Matematisk Institut. Aarhus University, 36 p., décembre 1966-février 1967.

Martin-Löf, P. (1970), *Notes on Constructive Mathematics*, Stockholm, Almqvist et Wiksell.

Martin-Löf, P. (1975), « Response to Sverdrup's polemical article, Tests without power », *Scandinavian Journal of Statistics*, 2, pp. 161-165.

Meinong, A. (1915), *Über Möglichkeit und Wahrscheinlichkeit : Beiträge zur Gegenstandstheorie und Erkenntnistheorie*, Leipzig, Barth.

Ménard, C. (1977), « Trois formes de résistance aux statistiques : Say, Cournot, Walras », *Pour une histoire de la statistique*, INSEE, Paris, Economica ; 2e éd., pp. 417-430.

Ménard, C. (1978), *La Formation d'une rationalité économique : Cournot*, Paris, Flammarion.

Ménard, C. (1987), « Why Was There No Probabilistic Revolution in Economic Thought ? », in L. Kruger (éd.), *The Probabilistic Revolution. Vol. 2 : Ideas in the Sciences*, Cambridge, Ma., MIT Press, pp.139-146.

Mirowski, P. (éd.) (1994), *Edgeworth on Chance, Economic Hazard, and Statistics*, Lanham, MD, Rowman et Littlefield.

Mises, R. von (1919), « Grundlagen der Wahrscheinlichkeitsrechnung », *Mathematische Zeitschrift*, 5, 52-99.

Mises, R. von (1928), *Wahrscheinlichkeitsrechnung, Statistik und Wahrheit*, Vienne, Springer ; 2e éd. 1936, 3e éd. 1951.

Mises, R. von (1931), *Wahrscheinlichkeitsrechnung und ihre Anwendung in der Statistik und theoretischen Physik*, Leipzig-Vienne, Deuticke.

Moore, H.L. (1906), « Paradoxes of Competition », *Quarterly Journal of Economics*, pp. 211-230.

Morgan, M. et M. Morrison (1999), *Models as Mediators, Perspectives on Natural and Social Science*, Cambridge, Cambridge University Press.

Morrison, C. (2001), « Magnan de Bornier on Cournot-Bertrand », *History of Political Economy*, 33 (1), pp. 161-165.

Nagel, E. (1939), *Principles of the Theory of Probability*, Chicago, University of Chicago Press. Volume 1, n° 6 de l'*International Encyclopedia of Unified Science*, Otto Neurath (éd.).

Negishi, T. (1962), « The Stability of a Competitive Economy : a Survey Article », *Econometrica*, 30, pp. 635-669.

Neumann (von), J. et O. Morgenstern (1944), *Theory of Games and Economic Behavior*, Princeton, Princeton University Press.

Neyman, J. (1960), « Indeterminism in science and new demands on statisticians », *Journal of the American Statistical Association*, 55, pp. 625-639.

Nichol, A.J. (1934a), « Professor Chamberlin's Theory of Limited Competition », *Quarterly Journal of Economics*, pp. 317-337.

Nichol, A.J. (1934b), « A Re-Appraisal of Cournot's Theory of Duopoly Price », *Journal of Political Economy*, pp. 577-595.

Nichol, A.J. (1935), « Edgeworth's Theory of Duopoly Price », *The Economic Journal*, pp. 51-66.

Nivière, D. (2005), « Négocier une statistique européenne : le cas de la pauvreté », *Genèses*, 58, pp. 28-47.

Nouvel, P. (éd.) (2002), *Enquête sur le concept de modèle*, Paris, PUF.

Ondar, Kh.O. (éd.) (1981), *The Correspondence Between A. A. Markov and A. A. Chuprov on the Theory of Probability and Mathematical Statistics*, traduit du russe par M. Charles et Margaret Stein, New York, Springer.

Pareto, V. (1911), *Encyclopédie des Sciences mathématiques*, chap. « Économie mathématique », Leipzig-Paris, B.G. Teubner-Gauthier-Villars.

Pearson, K. (1912), *La Grammaire de la science*, Paris, Alcan.

Peleg, B. (1992), « Axiomatizations of the Core », in Aumann et Hart (1992), pp. 397-412.

Peretti-Watel, P. (2004), « Du recours au paradigme épidémiologique pour l'étude des conduites à risque », *Revue française de sociologie*, 45, 1, pp. 103-132.

Pigou, A.C. (1920), *The Economics of Welfare,* Londres, Macmillan, 3e éd. 1929 ; 4e éd. 1932.

Plato, Jan von (1994), *Creating Modern Probability : Its Mathematics, Physics, and Philosophy in Historical Perspective*, Cambridge, Cambridge University Press.

Poincaré, H. (1890), « Sur le problème des trois corps et les équations de la dynamique », *Acta Mathematica*, 13, pp. 1-271.

Poinsot, L. (1836), « Discussion de la "Note sur le calcul des probabilités" de Poisson », *Comptes rendus hebdomadaires des séances de l'Académie des Sciences*, 2.

Poisson, S.-D. (1837), *Recherches sur la probabilité des jugements en matière criminelle et en matière civile, précédés des règles générale du calcul des probabilités*, Paris, Bachelier.

Popper, K.R. (1935), *Logik der Forschung : Zur Erkenntnistheorie der modernen Naturwissenschaft*, Vienne, Springer.

Popper, K.R. (1938), « A set of independent axioms for probability », *Mind*, 47, pp. 275-277.

Popper, K.R. (1959), « The propensity interpretation of probability », *British Journal for the Philosophy of Science*, 37, pp. 25-42.

Popper, K.R. (1983), *Realism and the Aim of Science*, Londres, Hutchinson.

Porter, T.M. (1986), *The Rise of Statistical Thinking, 1820-1900*, Princeton, NJ, Princeton University Press.

Porter, T.M. (2004), *Karl Pearson : The Scientific Life in a Statistical Age*, Princeton, NJ, Princeton University Press.

Poterba, J.M. et L. Summers (1988), « Mean reversion in stock prices : evidence and implications », *Journal of Financial Economics*, 22, pp. 27-59.

Prokhorov, Y.V. et B. A. Sevast'yanov (1987), « Probability theory », in M. Hazewinkel (éd.), *Encyclopaedia of Mathematics*, Dordrecht, Kluwer.

Reichenbach, H. (1916), *Der Begriff der Wahrscheinlichkeit für die mathematische Darstellung der Wirklichkeit*, Leipzig, Barth.

Reichenbach, H. (1949), *The Theory of Probability, an Inquiry into the Logical and Mathematical Foundations of the Calculus of Probability*, Berkeley, University of California Press.

Richter, H. (1954), « Zur Begründung der Wahrscheinlichkeitsrechnung », *Dialectica*, 8, pp. 48-77.

Richter, H. (1956), *Wahrscheinlichkeitstheorie*, Berlin, Springer.

Robinson, J. (1969), *The Economics of Imperfect Competition*, Londres, Macmillan.

Roth, A. et M. Sotomayor (1990), « Two-Sided Matching : A Study in Game-Theoretic Modeling et Analysis », *Econometric Society Monograph Series*, Cambridge, Cambridge University Press.

Rubinstein, A. (1994), « Equilibrium in Supergames », in *Essays in Game Theory in Honor of Michael Maschler*, sous la direction de N. Megiddo, Springer, New York, pp. 17-28.

Salais, R. (2004), « La politique des indicateurs. Du taux de chômage au taux d'emploi dans la stratégie européenne pour l'emploi (SEE) », in B. Zimmermann (éd.) (2004), *Action publique et sciences sociales*, Paris, MSH. http://www.insee.fr/fr/nom_def_met/colloques/acn/colloque_10/Salais.pdf

Salomon-Bayet, C. (1978), « A.A. Cournot ou la règle de l'anamorphose », in J. Brun et A. Robinet (1978), *Études pour le centenaire de la mort d'A. Cournot*, Paris, Vrin et Economica, pp.91-105.

Samuelson, P.A. (1965a), « Proof that properly anticipated prices fluctuate randomly », *Industrial Management Review*, 6, pp. 41-50.

Samuelson, P.A. (1965b), « A Theory of Induced Innovation along Kennedy-Weisacker Lines », *The Review of Economics and Statistics*, vol. 47 (4), pp. 343-356.

Schmalensee, R. (1989), *Handbook of Industrial Organization*, chap. « Interindustry Studies of Structure and Performance », Amsterdam-New York-Oxford-Tokyo, Elsevier.

Schneider, E. (1932), *Reine Theorie Monopolistischer Wirtschaftsformen,* Tübingen, J.C.B. Mohr.

Schumpeter, J. (1983), *Histoire de l'analyse économique.* Vol. III : *L'âge de la science*, Paris, Gallimard.

Seneta, E. (1997), « Boltzmann, Ludwig Edward », in N.L. Johnson et S. Kotz (1997), *Leading Personalities in Statistical Sciences*, New York, Wiley, pp. 353-354.

Shafer, G. (1996), *The Art of Causal Conjecture*, Cambridge, Ma., MIT Press.

Shafer, G. et V. Vovk (2001), *Probability and Finance : It's Only a Game*, New York, Wiley.

Shafer, G. et V. Vovk (2002), « On a review by V. N. Tutubalin », http://www.probabilityandfinance.com/reviews/tut response1.pdf

Shafer, G. et V. Vovk (2005), « The origins and legacy of Kolmogorov's », *Grundbegriffe*, n° 4, http://www.probabilityandfinance.com

Sheynin, O. (1976), « P.S. Laplace's Work in Probability », *Archive for History of Exact Sciences*, vol. 16, n° 2, pp. 137-187.

Sheynin, O. (1996), *Aleksandr A. Chuprov : Life, Work, Correspondence. The making of mathematical statistics*, Göttingen, Vandenhoeck & Ruprecht.

Sheynin, O. (éd.) (1998), *From Davidov to Romanovsky. More Russian papers on probability and statistics. S. N. Bernstein, B. V. Gnedenko, A. N. Kolmogorov, A. M. Liapunov, P. A. Nekrasov, A. A. Markov, Kh. O. Ondar, T. A. Sarymsakov, N. V. Smirnov*, Egelsbach, Hänsel-Hohenhausen.

Shiller, R.J. (1989), *Market Volatility*, Cambridge, Ma., MIT Press.

Shiller, R.J. (2003), « From efficient markets theory to behavioral finance », *Journal of Economic Perspectives*, 17, pp. 83-104.

Shubik, M. (1959), *Strategy and Market Structure,* New York, Wiley.

Sorin, S. (1992), « Repeated Games with Complete Information », in Aumann et Hart (1992), pp. 71-107.

Spenlehauer, V. (1998), *L'Évaluation des politiques publiques, avatar de la planification*, Thèse de l'université Grenoble II-Pierre Mendès France, Institut d'études politiques de Grenoble.

Stigler, G. (1940), « Notes on the theory of duopoly », *Journal of Political Economy*, pp. 521-541.

Stigler, S. (1986), *The History of Statistics. The Measurement of Uncertainty Before 1900*, Cambridge Ma., Harvard University Press.

Stiglitz, J.E. (1981), « The allocation role of the stock market : Pareto optimality and competition », *Journal of Finance*, 36, pp. 235-251.

Stumpf, K.F. (1892), « Ueber den Begriff der mathematischen Wahrscheinlichkeit », *Sitzungsberichte der philosophisch-philologischen und der historischen Classe der k. b. Adademie der Wissenschaften zu München*, pp. 37-120.

Thévenot, L. (1983), « L'économie du codage social », *Critiques de l'économie politique*, 23/24, pp. 188-222.

Vanoli, A. (2002), *Une histoire de la comptabilité nationale*, Paris, La Découverte.

Vapnik, V. (1996), *The Nature of Statistical Learning Theory*, New York, Springer.

Vatin, F. (1998), *Économie politique et économie naturelle chez A.A. Cournot*, Paris, PUF.

Venn, J. (1888), *The Logic of Chance*, Londres-New York, Macmillan, 3e édition.

Ville, J.-A. (1939), *Étude critique de la notion de collectif*, Paris, Gauthier-Villars.

Vladimir Vovk, Alexander Gammerman et Glenn Shafer (2005), *Algorithmic Learning in a Random World*, New York, Springer.

Voltaire (1764), *Dictionnaire philosophique*, article « Atomes », in *Œuvres complètes*, sous la direction d'É. de la Bedollière et G. Avenel (1867-1875), *Aux bureaux du siècle*, t. I, p. 166.

Vovk, V. (2005), « Competitive on-line learning with a convex loss function », Working Paper n° 14, http://www.probabilityandfinance.com

Vovk, V. et G. Shafer (2002), « The game-theoretic capital asset pricing model », Working Paper n° 1, http://www.probabilityandfinance.com

Vovk, V. et G. Shafer (2003a), « A game-theoretic explanation of the $\sqrt{dt}$ effect », Working Paper n° 5, http://www.probabilityandfinance.com

Vovk, V. et G. Shafer (2003b), « Kolmogorov's contributions to the foundations of probability », *Problems of Information Transmission*, 39(1), 21-31. Extended version : Working Paper n° 6, http://www.probabilityandfinance.com

Vovk, V. et G. Shafer (2005), « Good randomized sequential probability forecasting is always possible », *Journal of the Royal Statistical Society*, Series B, 67, pp. 747-764.

Vovk, V., A. Takemura et G. Shafer (2005), « Defensive forecasting », in *Algorithmic Learning Theory : ALT 2005, Singapour, Octobre 8-11, 2005*, p. 459, Springer-Verlag. Notes de lecture *in Computer Science*, vol. 3734.

Vovk, V., I. Nouretdinov, A. Takemura et G. Shafer (2005), « Defensive forecasting for linear protocols », in *AISTATS 2005,* pp. 365-372. http://www.gatsby.ucl.ac.uk/aistats/proceedings.htm

Wald, A. (1936), « Sur la notion de collectif dans le calcul des probabilités », *Comptes rendus hebdomadaires des séances de l'Académie des sciences*, 202, pp. 180-183.

Wald, A. (1937), « Die Widerspruchfreiheit des Kollectivbegriffes der Wahrscheinlichkeitsrechnung », *Ergebnisse eines Mathematischen Kolloquiums*, 8, pp. 38-72.

Wald, A. (1938), « Die Widerspruchfreiheit des Kollectivbegriffes », in R. Wavre (éd.) (1938), *Les Fondements du calcul des probabilités*, pp. 79-99.

Walras, L. (1863), « Principes de la théorie des richesses de Cournot », *L'Indépendant de la Moselle*, 82.

Wavre, R. (1938-1939), *Colloque consacré à la théorie des probabilités*, Paris, Hermann.

Westergaard, H. (1932), *Contributions to the History of Statistics*, Londres, King.

Wilson, R. (1992), « Strategic Analysis of Auctions », in Aumann et Hart (1992), pp. 227-279.

Young, H.P. (1994), « Cost Allocation », in Aumann et Hart (1994), pp. 1193-1236.

Zamir, S. (1992), « Repeated Games of Incomplete Information : Zero-Sum », in Aumann et Hart (1992), pp. 109-54.

Zelizer, V. (2001), « Transactions intimes », *Genèses*, 42, 3, pp. 121-144.

Zeuthen, F. (1930), *Problems of Monopoly and Economic Warfare*, Londres, Routledge.

Index

Table

OUVRAGES PUBLIÉS PAR LE CENTRE SAINT-GOBAIN
aujourd'hui CENTRE COURNOT POUR LA RECHERCHE EN ÉCONOMIE

MICHEL AGLIETTA ET ANTOINE REBERIOUX
Dérives du capitalisme financier

MASAHIKO AOKI
Fondements d'une analyse institutionnelle comparée

ROBERT BOYER
La croissance, début de siècle. De l'octet au gène

OUVRAGES COLLECTIFS

Institutions et croissance. Les chances d'un modèle économique européen
Jean-Philippe Touffut (éd.)

Institutions et innovation. De la recherche aux systèmes sociaux d'innovation
Jean-Philippe Touffut (éd.)

L'avancée des biens publics. Politique de l'intérêt général et mondialisation
Jean-Philippe Touffut (éd.)

Composition Nord Compo
Impression : Imprimerie Floch, octobre 2007
Éditions Albin Michel
22, rue Huyghens, 75014 Paris
www.albin-michel.fr

ISBN : 978-2-226-17907-4
ISSN : 1284-7100
N° d'édition : 25512. – N° d'impression : 69334
Dépôt légal : novembre 2007
Imprimé en France